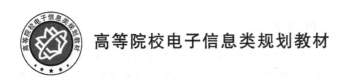

高等院校电子信息类规划教材

无人系统火力控制技术

张 雷 王钦钊 主编
郭傲兵 唐 伟 武 萌 参编

北京邮电大学出版社
www.buptpress.com

内 容 简 介

无人作战系统快速发展，其火力控制技术也有了较大发展，具备了更宽广的内涵，呈现出更强的网络化、信息化与智能化特征。本书共计七章，从火力控制基础理论、平台控制技术、导弹与制导技术、网络化协同火力控制系统、火力规划等五个方面构建无人系统火力控制的知识体系，并着重从网络化、智能化技术运用方面阐述了无人系统火力控制技术的理论本质和解决方法，接轨无人系统的火力指挥与运用。

本书适用于相关专业本科学生，也可作为研究生教材。学习本书可以快速地了解火力控制技术的基本内涵与发展过程，较为全面地掌握无人系统火力控制技术的核心理论、关键问题及其解决方法，为不同火力控制系统的认知奠定基础。

图书在版编目(CIP)数据

无人系统火力控制技术 / 张雷，王钦钊主编.
北京：北京邮电大学出版社，2024. -- ISBN 978-7-5635-7261-8

Ⅰ. E94

中国国家版本馆 CIP 数据核字第 2024W6Y606 号

策划编辑：刘纳新　姚　顺	责任编辑：姚　顺　谢亚茹	责任校对：张会良	封面设计：七星博纳

出版发行：北京邮电大学出版社
社　　址：北京市海淀区西土城路 10 号
邮政编码：100876
发 行 部：电话：010-62282185　传真：010-62283578
E-mail：publish@bupt.edu.cn
经　　销：各地新华书店
印　　刷：河北虎彩印刷有限公司
开　　本：787 mm×1 092 mm　1/16
印　　张：11.5
字　　数：293 千字
版　　次：2024 年 7 月第 1 版
印　　次：2024 年 7 月第 1 次印刷

ISBN 978-7-5635-7261-8　　　　　　　　　　　　　　　定价：58.00 元

· 如有印装质量问题，请与北京邮电大学出版社发行部联系 ·

前　　言

火控系统是一套使被控武器发挥最大效能的装置,是武器系统先进性的重要标志和现代武器系统必不可少的重要组成部分。传统意义上,火控系统的任务分工在武器系统的发射前和发射期间,不包含弹丸飞行中的控制;随着指挥信息系统的快速发展,武器体系对抗成为现代战争的主要模式,火控系统成为战术C3I(指挥、控制、通信与情报)系统的一个重要终端。它具备了搜寻并跟踪指控系统分配给它的目标,并依照指控系统的指令及指挥员的命令实施射击功能。21世纪以来,随智能技术的跨越式突破,武器装备从机械化、自动化向自主化、无人化方向快速发展,未来的无人武器装备将具备自主机动、察打一体的能力以及极强的信息化与智能决策能力,能与多种有人/无人平台协同作战。世界各国均认为新一代无人系统的火控系统在目标打击过程中应具备智能搜索、智能识别、智能协同、智能决策和智能打击等能力,并最终用机器将人从系统中替换出来,实现从目标发现到目标打击过程的自主化。

可以看出,无人作战系统快速发展,其火力控制技术有了较大发展,具备了更宽广的内涵,呈现出更强的网络化、信息化与智能化特征。为此,面向地面无人系统的火力控制技术新发展,我们编写了《无人系统火力控制技术》。本书共计7章,从火力控制基础理论、平台控制技术、导弹与制导技术、网络化协同火力控制系统、火力规划等五个方面构建无人系统火力控制的知识体系。在介绍火控系统基本概念、主要性能指标、数学模型的基础上,阐述无人车光电稳定与跟踪系统、武器随动控制和导弹与制导技术,前瞻网络化协同火力控制系统和火力规划,给出有人/无人战斗分队网络化协同火力控制应用模式,以及地面突击分队武器-目标分配模型的建立及应用。本书着重从网络化、智能化技术运用方面阐述无人系统火力控制技术的理论本质和解决方法,接轨无人系统的火力指挥与运用,对快速理解和掌握无人系统火力控制技术理论、作战运用方法以及相关技术发展方向,具有重要的意义。

本书由张雷和王钦钊主编,郭傲兵、唐伟和武萌参编,编写过程中得到了相关专家、学者和北京邮电大学出版社的热情帮助。由于时间紧迫、成稿匆促,书中难免存在不妥和错误之处,我们诚恳地希望各位专家、读者不吝赐教和指正,对此我们表示诚挚的感谢。

本书适用于相关专业本科学生，也可作为研究生教材。学习本书，可以快速地了解火力控制技术的基本内涵与发展过程，较为全面地掌握无人系统火力控制技术的核心理论、关键问题及其解决方法，为不同火力控制系统的认知奠定基础。

本书编写成员

2024 年 3 月 26 日

于北京

目 录

第1章 绪论 ·· 1

  1.1 火控系统基本概念 ·· 1
    1.1.1 火控问题的几何描述 ·· 2
    1.1.2 火控系统功能划分 ·· 3
  1.2 火控系统分类 ·· 6
    1.2.1 按瞄准方式分类 ·· 6
    1.2.2 按功能的综合程度分类 ·· 7
    1.2.3 其他分类方法 ·· 7
  1.3 火控系统主要性能指标 ·· 7
    1.3.1 首发命中率 ·· 8
    1.3.2 射击反应时间 ·· 10
    1.3.3 战斗射速 ·· 10
    1.3.4 解算精度与动态跟踪精度 ·· 11
    1.3.5 可靠性和可维修性 ·· 11
  1.4 地面无人打击平台火力控制技术特点 ···································· 12
  思考与练习 ·· 13

第2章 火控系统数学模型 ·· 14

  2.1 坐标系与坐标变换 ·· 14
    2.1.1 火控系统常用坐标系 ·· 14
    2.1.2 坐标系转换 ·· 19
  2.2 诸元解算问题分析 ·· 28
    2.2.1 火控解算的基本问题 ·· 28
    2.2.2 火控解算的基本流程 ·· 28
  2.3 外弹道问题计算 ·· 30
    2.3.1 直接计算弹道微分方程组 ··· 30

2.3.2　基于简化弹道方程计算 ··· 37
　2.4　解命中问题计算 ··· 38
　　2.4.1　目标运动要素求解 ·· 38
　　2.4.2　解相遇问题 ·· 41
　思考与练习 ··· 43

第3章　光电稳定与跟踪 ··· 44

　3.1　概述 ··· 44
　3.2　基本组成及工作原理 ··· 46
　　3.2.1　基本组成 ·· 46
　　3.2.2　工作原理 ·· 47
　　3.2.3　主要技术参数 ··· 56
　3.3　典型无人车光电稳定与跟踪系统 ·· 57
　　3.3.1　组成 ·· 57
　　3.3.2　工作原理 ·· 59
　思考与练习 ··· 61

第4章　武器随动控制 ·· 62

　4.1　系统分类 ··· 62
　4.2　基本控制原理 ·· 63
　4.3　主要技术指标 ·· 64
　4.4　系统工作原理 ·· 65
　　4.4.1　直流脉宽调制随动系统 ··· 66
　　4.4.2　武器数字交流控制技术 ··· 67
　4.5　典型无人车武器控制系统 ··· 69
　　4.5.1　武器控制系统组成 ·· 69
　　4.5.2　武器控制系统工作原理 ··· 70
　　4.5.3　控制模块设计 ··· 71
　思考与练习 ··· 75

第5章　导弹与制导技术 ··· 76

　5.1　导弹 ··· 76
　5.2　导弹制导系统的概念与分类 ·· 77

		5.2.1　导弹制导系统的概念 77
		5.2.2　导弹制导系统的分类 80
	5.3　常用的导引方法 81
		5.3.1　追踪法 83
		5.3.2　平行接近法 85
		5.3.3　比例导引法 86
		5.3.4　三点法 87
		5.3.5　前置角法 89
	5.4　典型导弹制导系统 90
		5.4.1　电视成像制导系统 90
		5.4.2　激光制导系统 96
		5.4.3　红外成像制导系统 104
	思考与练习 112

第6章　网络化协同火力控制系统 113

	6.1　网络化协同火控系统概述 113
		6.1.1　基本概念 113
		6.1.2　网络化协同火控系统与传统火控系统的区别 113
	6.2　网络化协同火控系统体系结构 114
		6.2.1　系统结构 114
		6.2.2　系统功能 116
		6.2.3　系统逻辑连接关系 118
		6.2.4　系统物理连接关系 118
		6.2.5　系统信息流程 119
	6.3　火力协同同步控制 122
		6.3.1　车际协同搜索控制 122
		6.3.2　车际协同跟踪同步控制 125
		6.3.3　车际射击诸元协同解算 127
		6.3.4　车际协同调炮控制 128
	6.4　网络化协同火力控制系统关键技术 129
	6.5　陆战武器网络化协同火力控制系统应用范围 130
	6.6　有人/无人战斗分队网络化协同火力控制应用模式 131
	思考与练习 133

第 7 章 火力规划 ·· 134

7.1 火力规划问题概述 ·· 134
7.1.1 火力规划的背景与意义 ··································· 134
7.1.2 火力规划的基本过程 ······································ 135

7.2 目标威胁评估 ·· 136
7.2.1 基本步骤 ··· 136
7.2.2 指标体系 ··· 137
7.2.3 目标威胁评估指标量化 ··································· 145
7.2.4 目标威胁评估指标赋权 ··································· 148
7.2.5 目标威胁评估方法 ··· 153
7.2.6 威胁度评估案例 ··· 155

7.3 武器-目标分配 ··· 158
7.3.1 武器-目标分配概述 ·· 159
7.3.2 武器-目标分配问题 ·· 159
7.3.3 WTA 问题研究结构 ··· 161
7.3.4 地面突击分队 WTA 模型的建立及应用 ·············· 162

思考与练习 ·· 174

参考文献 ·· 175

第1章 绪 论

火力控制(简称火控)技术(fire control technology)泛指控制火炮、导弹、鱼雷等武器自动或半自动地实施瞄准与发射的技术。与之相对应,火控系统是一套使被控武器发挥最大效能的装置,是武器系统先进性的重要标志和现代武器系统必不可少的重要组成部分。一般意义上,火控系统包括火控计算机、目标搜索与指示装备、目标跟踪与测量装备、气象与弹道条件测量装备、载体运动参数测量装备、定位定向装备、脱靶量测量装备、武器发射控制系统、载体控制系统以及通信系统。所以,火力控制技术重点研究目标搜索、瞄准、跟踪、解算、击发等问题以及相关的识别与控制技术。

1.1 火控系统基本概念

射击诸元是火控系统的核心要素和最重要的概念,指能够将弹丸(弹头)送达目标区域的武器身管或发射轨的方位角与高低角,对于具有时间引信的弹头还包括引信分划,对于制导武器与水中武器还包括飞行距离、转向角、定深和散角等。准确、实时地求解出射击诸元并将其赋予武器是火控系统最核心的任务之一。对于火炮和火箭类的武器装备,射击诸元解算数据的有效期到发射时刻为止;而对于导弹,解算数据在发射后的一段时间或更久依然有效。

在传统意义上,火控系统的任务分工集中在武器系统发射前和发射期间,而导弹飞行中的控制属于制导系统的功能,这两个系统的分工在弹丸(弹头)离开身管或发射轨的那一瞬间完成交接。火控系统对弹丸的控制主要通过对武器身管或发射轨的控制来实现,也就是说,它赋予弹丸初速方向;而火控系统赋予弹丸的飞行时间、飞行距离、转向角等,均是在弹丸离开身管或发射轨前的预测值。弹丸一旦离开身管或发射轨,火控系统就会失去对弹丸的控制。因此,火控系统必须严格控制各种可能影响射击精度的误差。对制导武器而言,制导系统依据弹头对目标的偏离,完成发射时控制误差与预测误差的闭环修正。随着技术的发展,介于导弹和无控弹头之间的各种智能弹药大量涌现,成为低成本精确打击的主力武器;实时闭环校射火控系统是将传统火控反馈控制功能延伸到弹头的火控系统,兼具传统火控系统及制导控制系统的功能,使传统火控系统与制导系统的功能分界点变得越来越模糊。

随着指挥信息系统的快速发展,武器体系对抗成为现代战争的主要模式,火控系统成为战术C3I(指挥、控制、通信与情报)系统的一个重要终端。它还具备搜寻并跟踪指控系统分配给它的目标,并依照指控系统的指令及指挥员的命令实施射击的功能。

21世纪以来,随着智能技术的跨越式突破,武器装备从机械化、自动化向自主化、无人化方向快速发展,自主、无人的武器装备即将成为一股新生的作战力量,开启无人化战争新模式。未来的无人武器装备将具备集自主机动、察打于一体的能力以及极强的信息化与智能决策能力,能与多种有人/无人平台协同作战。世界各国均认为新一代无人系统的火控系统在目标打击过程中应具备智能搜索、智能识别、智能协同、智能决策和智能打击等能力,并最终用机器将人从系统中替换出来,实现目标发现到目标打击过程的自主化。理想化的无人作战平台火控系统应具备全自主系统的所有功能,包括全天候、自主完成态势感知、敌我识别、信息共享、打击决策、火力打击等,这是火控技术发展的必然趋势。

1.1.1 火控问题的几何描述

应用火控系统的目的是控制武器系统发射并击中所选择的目标,即解决武器系统怎样发射弹丸才能命中目标的问题。

为了解决这个问题,火控系统需要解决误差分析与修正问题。例如,如果能根据目标当前的运动得出目标运动规律,就可以预测目标在命中时刻的位置。由于弹丸的弹道受重力、环境条件以及弹丸的弹道学因素的影响,因此我们必须解决误差修正的数学与工程化问题。

后来,人们发现用几何方法而不是用代数方法处理一般的火控问题更为有效。几何方法之所以可取,是由于火控问题是运动学和动力学问题,即它涉及空间中各个点(武器、弹丸和目标)的相对运动以及作用在弹丸上的力。因此,火控问题适合通过相应的运动学(速度)和动力学(力)来表示,而不适合用纯粹的数字处理(当然,在解决任何特定的火控问题时,必须用代数方法去解决误差问题)。由于火控系统涉及的几何学是与物理定律有关的矢量问题,因此火控问题的描述广泛地应用了物理参数的矢量示意图和矢量运算。

瞄准矢量是以武器观测部件的回转中心为始点,目标中心为终点的矢量。瞄准矢量常用球坐标 D、ε、β 表示,其中 D、ε、β 分别表示目标现在点的斜距离、高低角、方位角。图 1-1 所示为瞄准矢量、射击线与提前角相互关系图。

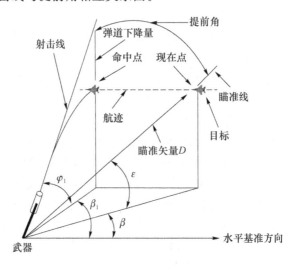

图 1-1 瞄准矢量、射击线与提前角相互关系图

瞄准线是指以武器观测部件回转中心为始点,通过目标中心的射线。当能看到目标时,属于直接火控;否则,属于间接火控。在间接火控中,弹道起点和目标之间的直线叫作"炮目线"。

跟踪线是指以武器观测部件回转中心为始点,通过观测窗口中某一基准点的射线。

武器线是指以武器身管或发射架回转中心为始点,沿膛内或发射架上弹丸(弹头)运动方向的射线。

射击线是指为保证弹丸(弹头)命中目标,在武器发射瞬间,武器线所必需的指向。

现在点是指将目标视为一个点,在弹丸(弹头)每次发射瞬间,目标所处的空间点。

未来点又称命中点,是指目标与弹丸(弹头)相碰撞的空间点。需要强调,命中点肯定是未来点中的一个,但未来点并不一定都是命中点。

射击诸元对于间瞄武器来说,主要指射击线在大地坐标系中的方位角 β_1 和射角 φ_1;对于直瞄武器来说,通常为射击线和跟踪线(在其与瞄准线重合时)之间在水平和垂直两个方向上的夹角。

由于弹道的弯曲、气象条件影响、目标的运动、武器载体的运动,由此瞄准矢量与射击线不一致。直瞄武器射击线相对于瞄准矢量的夹角被定义为空间提前角和高低向瞄准角。其中,空间提前角一般被分解为方位提前角和高低提前角。高低向瞄准角取决于弹丸的外弹道特性,而空间提前角与目标和武器载体的运动状态直接相关。应当指出,在跟踪目标过程中,跟踪线总是趋近于瞄准线,二者之间的偏差称为跟踪误差,分为方位跟踪误差及高低跟踪误差。未来点是相对现在点而言的,在火控问题有解范围内,二者是一一对应的。武器线与射击线一般是不重合的,存在偏差,称为射击诸元误差。只有当射击诸元误差小于某约定值时,才允许射击,约定值通常称为射击门。

1.1.2 火控系统功能划分

为了完成火控系统的任务,火控系统通常包括如图 1-2 所示的功能模块。

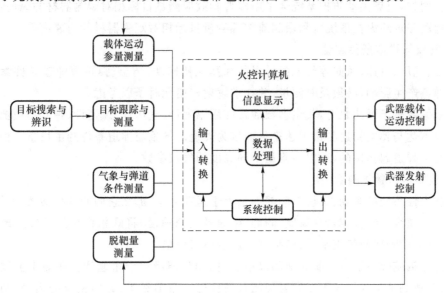

图 1-2 火控系统功能框图

1. 目标搜索与辨识

火控系统首先根据指控系统关于目标分配的指令或指挥员的命令,在指定的方位或区域内搜索目标,一旦搜索到目标即转入目标辨识,辨明了目标的敌我属性和特性才能进行下一步的工作。目标搜索与辨识可以由人工或借助观测器材完成,火控系统中常用的观测器材有雷达、光学器材、微光夜视仪、红外热像仪、电视跟踪仪、声测机、声呐等,对固定目标还可使用地图、航空和卫星照片等。搜索到目标后,应进一步对目标的类型(车辆、飞机、舰船、导弹、设施、人员等)、型号、数量及敌我属性进行辨识。目标辨识应尽量自动化,在现有条件下,敌我辨识最有效的工具是敌我识别器。

在分析光电设备作用距离时,根据光电设备成像探测的特点与其使命任务和作战要求,一般采用约翰逊判据,将作用距离划分为三个级别:探测距离、识别距离、辨识距离。约翰逊判据是指在无先验资料的情况下,在图像资料中分辨目标类型所要求的像素数量。三种距离的约翰逊判据如下。

(1) 探测:判定一个目标是否存在,需要 $2^{+1}_{-0.5}$ 个像素。

(2) 识别:一个物体的种类识别是指将目标区分为飞机、直升机、导弹、大型舰船、中型舰船等目标,需要 $8^{+1.6}_{-0.4}$ 个像素。

(3) 辨识:特定物体(如战斗机、大型飞机、舰船型号等目标)的区分,需要 $12.8^{+3.2}_{-2.8}$ 个像素。

2. 目标跟踪与测量

完成目标的搜索和识别后,可对目标进行跟踪与测量。具有较高精度的观测器材都可以用来测量目标位置参数。对于静止的目标,只需测量其位置参数;对于运动的目标,除了要测量其位置参数外,还需测量其运动参数。火控系统中所需的目标运动参数,如速度或加速度,主要靠估值理论利用目标位置参数的实测值加以估计,所以必须高精度地跟踪目标,不断地测量目标的坐标。在一些特殊的应用场合,火控系统也常利用一些特殊手段测量运动参数。例如,坦克主动防护系统会采用多普勒效应测量目标相对观测器材的纵向速度,等速圆弧运动假定的火控系统可利用测速陀螺测量目标相对观测器材的角速度等。

3. 气象与弹道条件测量

气温、气压、风速、风向等气象条件参数和弹丸初速度、药温、弹重等弹道条件参数均会对实际弹道产生影响,必须及时测量,并在求解射击诸元时予以考虑。

弹重偏差标于弹药之上,其余参数通常使用温度计、气压计、风速计、弹丸初速测量仪测得。气象雷达与弹丸初速测量雷达是目前较为先进的气象与弹道条件测量设备。由于气象条件是对全弹道起作用的,所以要测量不同高度的气象参数。

4. 载体运动参数测量

搭载火控系统的车辆、飞机与舰船如果处于运动之中,那么它们的平移参数(升沉、横移与纵移及其速度)与转动参数(偏航、俯仰、横滚及其角速度)将既恶化观测条件又改变弹道条件,如不采取隔离与修正举措,势必严重影响射击效果。

利用三轴陀螺系统可以实时地测出偏航、俯仰与横滚三个角速度。在测出上述角速度的同时,令观测轴与武器身管或发射架相对载体做一量值相等、方向相反的运动,则载体的转动将立即与整个射击过程隔离开来。利用无线电或卫星定位装置、加速度计等可以测得载体的平移量,并在计算射击诸元时考虑其影响。对于振动式的平移,则应采取各种减振举措予以抑制。

为统一指挥分散配置的武器，载体导航系统应不断地向火控系统提供武器位置与基准方位信息，此即武器的定位与定向。

5. 脱靶量测量

由于难以控制的未知与随机因素的广泛存在，因此出现弹目标偏差是难以避免的，这种偏差称为脱靶量。凡是能够观测并估计出脱靶量的观测器材都可用于脱靶量测量。炮兵校射雷达可在其波瓣有效区域内估测出弹丸的落点，是一种先进的脱靶量测量工具。相控阵雷达可利用电子扫描实现高速多目标跟踪，可以用于脱靶量测量。摄像设备如能将目标与弹丸同摄于一个视场之中，则可以采用图像处理技术求取脱靶量。

6. 数据处理

现代火控系统由计算机完成数据处理工作。这种计算机称为火控计算机，俗称指挥仪。这是火控系统数据处理的核心与中枢，其任务是存储有关目标、脱靶量、气象条件、弹道条件、武器载体的所有数据与信息，估算目标的位置与运动参数；根据弹道方程或存储于火控计算机中的射表求解命中点坐标，根据实测的脱靶量修正射击诸元，评估射击效果等。其目的是向武器随动系统输出控制指令，向自动驾驶仪输出操纵指令，并依照显示设备的要求输出数据与信息。

7. 武器控制

武器控制有两个任务：控制武器到达正确的射击位置，按指挥员命令与指控系统指令规定的方式实施射击。

为了赋予武器射击诸元，通常用电液式或机电式随动系统分别控制武器的方位角与高低角，使之与火控计算机的输出值相一致。如果有设置在弹头上的射击诸元，如引信分划（等价于弹丸飞行时间）、飞行距离、转向角、定深与散角等，则既可用数字通信方式在弹丸发射前将射击诸元输入弹内控制舱中的存储器，也可考虑使用随动系统在发射前装定。若武器与其载体完全或部分固连，如机载火炮、火箭与炸弹，其身管或发射轨完全与飞机固连，此时，火控计算机输出信息驱动武器的载体，向能使弹丸命中目标的方向运动。火控系统只是在求得射击诸元并将其赋予武器后，才给出允许射击的信息，而不是直接形成射击的指令或命令。在火控计算机给出允许射击的信息后，射手再按指挥员命令与指控系统指令规定的方式实施射击。

8. 信息显示与系统控制

为了充分发挥指挥与操作人员的主观能动性，火控系统中设置了信息显示与系统控制面板。它能直观形象地显示数据处理结果，简捷快速地输入与更新信息，以保证指挥员与操作人员可以很方便地干预整个火控系统的控制流程。

9. 信息传输

火控系统各个部分之间以及它同外部的信息传递由有线或无线、数字或模拟的信息传输与通信设备来完成，它们将火控系统连成一个整体，并成为战术 C^3I 系统的一个有机组成部分。

为了便于扩充设备、增加功能、升级换代、向下兼容，火控系统必须是一个采用标准接口、规范网络的开放式的系统。作为 C^3I 系统连接起来的整个战场上统一的武器体系的一个终端,火控系统的内部通信与外部通信都必须服从整个武器体系所采用的计算机网络的通信协议。一个实用的火控系统具有的功能模块的种类与规模是根据其所控制的武器性能与使用环境设计与装备的。例如,用于运动间射击的武器,其火控须具有载体运动参数测量的功能;为了减轻重量、降低造价,某些火炮往往不配置武器随动系统,而由炮手按火控计算机给出的射击诸元在火炮上直接装定;由于既能跟踪快速目标又能同时观测高速弹丸的设备技术复杂、价格昂贵,过去的高炮系统大多不进行脱靶量测量,因而不能自动校射;用于近程反导弹的转管火炮与多联装火炮的火控系统,为了确保弹丸的命中率,大多进行脱靶量自动检测,构成自动校射的大闭环火控系统。为了发挥不同观测器材的特点,确保在各种环境中均能获得信息,并提高它们在战场上的机动性,经常把多种观测器材组装在同一载体之中,构成相应的侦察车、侦察飞机、空中系留平台等装备。气象观测站(车、船)更是集各种气象观测器材于一身,以完成大范围内的气象观测与通报任务。这些载有多种器材的侦察或观测车、船与飞机虽承担了火控系统中的任务,但常自成一体独立于火控系统。为充分利用计算机的功能,可用同一部计算机分时完成火控、指控、制导与导航的任务。上述分析表明,从功能模块上界定火控系统的范围是容易的,但在硬件设备上划定火控系统的界限是困难的。因此火控系统使用者完全可以根据管理与使用的方便划定火控系统的范畴,但不宜也不可能做出统一的规定。

1.2 火控系统分类

火力控制系统在各种武器平台上根据不同的需求,表现出不同的结构和功能。

1.2.1 按瞄准方式分类

1. 直瞄火控

直瞄火控用于控制武器射击可以观察到的目标,如射击利用光学或电光仪器从武器本身或所属单元可以观察到的目标。射击武器本身可以看到的目标时,在火炮和目标间建立瞄准线,然后利用安装在武器上的瞄准仪器或指挥仪式火控系统可以完成火力打击。

陆军作战中使用直瞄射击的有防空射击、轻武器(如步枪、机枪)射击、坦克武器射击、机载武器射击、野战炮兵武器射击等。其中,野战炮兵武器射击仅在特殊的短距离条件下才是直瞄射击。

2. 间瞄火控

间瞄火控用于控制武器射击从武器位置不能观察到的目标。例如,目标在障碍物后时,使用间接观察方法获取火控情报,在火控中心计算火炮的射击数据,而后由无线或有线通信系统以语言、数字方式将射击数据传送至武器。此后,火炮可以按照射击数据自动完成方位和高低射击诸元的装定。

陆军作战中使用间瞄射击的有野战炮兵武器射击、坦克武器射击等。其中,坦克偶尔采用间瞄射击。

1.2.2 按功能的综合程度分类

1. 单机单控式

这类火力控制系统只能控制单一型号的武器对目标进行攻击,目标的类型可以不同,但一次只能对一个目标进行攻击。由于它的任务比较单一、针对性强,因此结构比较紧凑,反应时间也短。单机单控式在所有火力控制系统中出现的最早,也是目前应用最为广泛的一种系统。

2. 多武器综合控制式

这类火力控制系统的典型特点是能够控制多种同类型或不同类型的武器对多目标进行攻击。例如,美军的 WSA4 系统,能同时控制 114 mm 舰炮和"海猫"舰空导弹打击两个空中目标或一空一海两个目标。

3. 多功能综合式

这类系统的特点是除了一般的火力控制功能外,还具有一定的目标搜索、敌我识别、威胁判断、武器目标分配和目标指示等作战指挥功能,因此,它是一种智能化、自主式的系统,具有很强的独立作战能力。理想的无人火控系统首先应是一种多功能综合式火控系统,其次应具有完全网络化、分布式特点。

1.2.3 其他分类方法

火控系统按其控制的对象分类,有火炮火控系统、火箭火控系统、导弹火控系统、鱼雷火控系统、水雷火控系统、炸弹火控系统等。就火炮火控系统而言,又可分地炮、高炮、坦克、舰炮、航炮等火控系统。

火控系统按其服役的军种分类,有地面火控系统、舰船火控系统、航空火控系统、航天火控系统。

火控系统按控制的目标函数分类,有首发命中体制的火控系统、全射击过程毁伤体制的火控系统。

按照自主能力分类,有半自主火控系统和全自主火控系统,即人在回路中和人在回路上。射击问题涉及伦理问题,通常认为最高等级的自主程度也是人在回路上,最终射击确认仍要人来完成。半自主火控系统通常是部分火力打击回路实现了自主化,部分火力打击回路仍由操作乘员完成。

虽然有很多的分类方法,但具体的某型系统通常是不同类别的组合体。例如,某型坦克装备了首发命中体制的坦克火控系统,因此该火控系统是坦克火控系统,同时,该火控系统按控制的目标函数分类时是首发命中体制的火控系统。

1.3 火控系统主要性能指标

直瞄火控系统主要性能指标包括首发命中率、射击反应时间、战斗射速、解算精度、动态跟踪精度等。

1.3.1 首发命中率

在规定的条件下,射击某一距离上的目标,第一发炮弹命中目标的概率称为首发命中率。一种火控系统的首发命中率如何,通常用首发命中率曲线——首发命中率和射击距离的函数关系曲线——来表示。

首发命中率曲线可以用实弹射击的方法"打出来",也可以用概率理论分析方法计算出来。从事火控系统的研制和分析评定工作时,往往先做理论计算,再在某几个距离上用实弹射击的方法进行验证(通常只在命中率为60%附近的一点上验证)。两种方法相互补充。

1. 首发命中率曲线绘制时的基本假设

(1) 首发命中率曲线试验条件

任何一条首发命中率曲线都附有一定的条件,以使人们知道它是在什么情况下得出的。除了要指明坦克和火炮类型、弹种、靶子尺寸以及目标运动速度等条件外,还需要说明试验的类型。

首发命中率试验通常分为检验性射击试验和准战斗射击试验两种类型。检验性射击试验通过精确测量与控制试验条件,尽量排除和火控系统无关的因素,以充分显示火控系统本身的性能;准战斗射击试验是在模拟实战条件下,考核车辆射击反应时间及首发命中概率的试验。首发命中率射击试验条件如表1-1所示。

表1-1 首发命中率射击试验条件

序号	类型	检验性射击试验	准备战斗射击试验
1	靶面标志	靶中心有明显的瞄准标志	无瞄准标志
2	活动靶速度和轨迹	靶速按车辆指标要求,轨迹接近直线	靶速按车辆指标要求,轨迹接近直线
3	射手瞄准点	同项目射击试验期间不变更瞄准点	同项目射击试验期间不变更瞄准点
4	能见度	不低于射击距离	不低于射击距离
5	炮位	平坦炮位,侧倾炮位(侧倾度13°~15°)	平坦炮位,侧倾炮位(侧倾度13°~15°)和前后倾炮位(前后倾角度不超过火炮俯仰角)
6	目标距离	单目标距离已知	单目标或多目标,距离均未知
7	气象	较好天气,气象稳定,每发弹射击前可以从车外输入气象数据	天气随机,每4 h可以从车外输入一次气象数据
8	药温	在标准温度±2℃条件下保温48 h	相近环境温度下保温24 h
9	弹药	同一批次	随机批次
10	初速下降量和立靶精度	初速下降量不大于2%,立靶精度符合规定值	初速下降量不大于2%,立靶精度符合规定值
11	乘员下车进行轴线校准	每发弹射击前可校准	每个项目射击前可校准
12	校准(调零)射击	射击前允许校准射击	射击前不允许校准射击
13	射击反应时间	无要求	按战术指标要求

实际射击试验中,当各发射弹均符合表1-1规定的试验条件时,其连续射击的各发射弹均称为首发射弹。注意:利用前一发射弹的着点偏差修正后的射弹,不属于首发射弹。

(2) 对误差的几点基本假设

① 假定随机误差符合高斯分布。大多数误差是带零均值的高斯分布函数。对于平均值不是零的误差,不能取零均值,这一因素将被看作固定系统误差。

② 标准偏差 σ 的确定。各种随机误差的 σ 值,有的可从射表中查出,有的可通过计算得出;当起因不清时,可取极值除以 3 作为一个 σ 值(对于符合高斯分布的随机误差,3σ 值占所有情况的 99.9%)。

③ 假设所有误差都是独立的,即假定一个误差的大小不因其他误差的存在而受影响。这样,垂直方向和水平方向的命中率可以分别计算,而对目标最后的命中率可认为是上述两个一维命中率的乘积。

2. 首发命中率曲线的计算方法

(1) 分析误差源,确定误差值

首先分析所讨论的火控系统有哪些误差源,逐一确定每个误差源误差的平均值和标准偏差,并把它们折算成统一的单位(m 或 mil)。

(2) 求取误差随距离变化的多项式曲线

将每种弹的每一种误差,按准备战斗射击试验条件和检验性射击试验条件两种情况分别逼近以距离为变量的多项式曲线。在进行多项式曲线逼近时,通常采用以下简便方法,即让多项式曲线恒定通过某几个预定点,如通过 0.5 km、1 km、1.5 km、2.5 km 和 4 km 五个预定点上的函数值,并令多项式为 4 阶,用公式表示为

$$y = a_0 + a_1 x + a_2 x^2 + a_3 x^3 + a_4 x^4$$

以便在引入五个距离上的函数值后,组成含 5 个未知数(a_0、a_1、a_2、a_3 和 a_4)和 5 个方程的方程组。

(3) 每隔一定距离计算总的标准偏差和总的系统误差

在垂直和水平两个方向上,每隔 100 m 分别计算总的固定系统误差和总的标准偏差。

总的固定系统误差为某些误差源所含有的固定系统误差和某些具有正态分布的误差源的平均值的代数和,而总标准偏差的平方为各随机变量标准偏差的平方和。以垂直方向为例,相关公式为

$$b_e = b_{e1} + b_{e2} + b_{e3} + \cdots$$
$$\sigma_e^2 = \sigma_{e1}^2 + \sigma_{e2}^2 + \sigma_{e3}^2 + \cdots$$

其中,b_e、σ_e 分别为垂直方向的总固定系统误差和总标准偏差。

值得说明的是,在有计算机的火控系统中,固定系统误差通常能被计算机按一定的数学模型完全补偿掉,而各种随机误差的平均值,可通过调零和人工综合修正等步骤加以消除。因此,影响射击精度的所有误差都被认为是随机的,距目标中心的平均误差为零。

(4) 分别计算在上述各个距离上垂直方向和水平方向的命中概率

假设,h 和 ω 是目标高度和宽度的一半,则在垂直方向和水平方向的命中概率 p_e 和 p_d 可分别由以下公式求取:

$$p_e = \frac{1}{\sqrt{2\pi} \cdot \sigma_e} \int_{-h}^{h} \exp\left[-\frac{1}{2}\left(\frac{x-b_e}{\sigma_e}\right)^2\right] dx$$

$$p_d = \frac{1}{\sqrt{2\pi} \cdot \sigma_d} \int_{-\omega}^{\omega} \exp\left[-\frac{1}{2}\left(\frac{y-b_d}{\sigma_d}\right)^2\right] dy$$

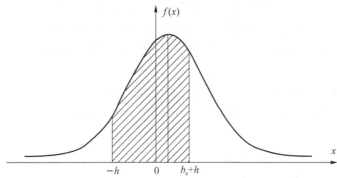

图 1-3　计算 p_e

(5) 分别计算各个距离上目标的总首发命中率 p

将各距离上的 p_e 和 p_d 相乘，即得出

$$p = p_e \cdot p_d$$

(6) 求取首发命中率曲线

依次计算出每隔 100 m 距离的各点上的命中率，用一条多项式曲线进行逼近，该曲线就是所求的首发命中率曲线。

1.3.2　射击反应时间

射击反应时间，是指从炮手在瞄准镜中发现目标到火炮击发所经历的时间。

计算这个时间时，必须考虑到炮手识别、瞄准目标、测距、跟踪测速、计算机解算射击诸元、驱动装表系统、自动调炮、精确瞄准及射击等各种操作所用的时间。这段时间的长短和火控系统的类型、原理、组成都有着密切的关系，例如，是指挥仪式还是扰动式火控系统，有无自动跟踪功能，火炮的高低和方向操纵是否得心应手，瞄准镜内测距分划和瞄准分划是否合一，自动调炮的精确程度如何，等等。除此之外，射击反应时间还和炮手的操作技能有很大关系，特别是在对运动目标射击时，其差别尤为明显。

1.3.3　战斗射速

1. 战斗射速定义

战斗射速（发/min），是指在规定的射击条件下，平均每分钟发射的炮弹数。

发射炮弹通常包括搜索及选择目标、火力机动、装弹和装定射击诸元、瞄准、击发等动作。战斗射速是火力猛烈程度的标志，是战斗车辆的重要指标之一。

2. 影响战斗射速的因素

(1) 观察识别目标

影响观察识别目标的因素有：观察者的数量、搜索观察方式、乘员的训练水平及配合程度；目标的数量、外廓尺寸、有无标记、目标距离、隐蔽程度、运动状态；观察器材的性能、车辆通信设备的性能、有无敌我识别装置；环境条件，包括能见度、目标与周围环境的反差、目标的热辐射状态等。

(2) 弹药布置及装填方式

弹药布置是否合理，是否有利于取弹和装填，是否具有自动装弹机构，以及弹药是分装还是定装等都会影响战斗射速。

(3) 火控系统的结构及性能

火控系统的结构及性能优劣影响射击反应时间。当装填手装填炮弹的时间超过炮长瞄准、跟踪、测距、精瞄、射击的时间总和时，自动装弹机构就显示出它对缩短系统反应时间的优越性。

3. 战斗射速计算方法

战斗射速可用下列公式进行计算：

$$T = t_1 + t_2 + t_3 - t_4$$

其中，T 表示发弹的战斗射击时间(s)；t_1 表示火力机动时间(s)；t_2 表示火控系统射击反应时间(s)；t_3 表示装弹时间(s)；t_4 表示 t_3 与 t_1、t_2 的重合时间(s)。则战斗射速：

$$N = 60/T$$

对 N 进行四舍五入取整。当前战车射击一发弹需要的时间为 $9\sim20$ s，则战斗射速为 3 发/min～7 发/min。

1.3.4 解算精度与动态跟踪精度

火控系统的精度指标通常包括静态解算精度、动态解算精度和动态跟踪精度。

静态解算精度是指在输入固定的敌我态势参数条件下，火控设备解算和输出的射击诸元精度。静态解算精度指标值通常用静态解算误差的最大值来表示。动态解算精度是指在输入敌我相对运动数据条件下，火控设备输出射击诸元精度。动态解算精度指标值通常用均方差和均值（系统误差）来表示。动态跟踪精度是指在跟踪传感器跟踪真实或模拟目标的情况下，火控设备输出射击诸元的精度。动态跟踪精度指标值通常用均方差和均值（系统误差）来表示。

1.3.5 可靠性和可维修性

火控系统的可靠性是指火控设备在规定的时间内和条件下完成规定功能的能力，常用的度量指标是平均故障间隔时间(MTBF)。

火控系统的可维修性是指在规定的条件和时间内的修复能力，常用的度量指标是平均修复时间(MTTR)。

1.4 地面无人打击平台火力控制技术特点

无人作战平台是无人系统向更高技术和更强作战能力方向深入发展的一种全新武器系统,涉及控制、电子、信息、通信、计算机、材料等多个技术领域。无人战车作战具有无人员伤亡、突袭性强、火力强大、机动速度快、作战效益高、战场部署快等诸多优点,可能实现以零伤亡的代价完成作战使命,显著提高系统作战效能,在战场应用对增强部队的作战能力、保存有生力量及提高作战效能具有重要意义。

地面无人系统火力控制技术的发展与网络中心战、分布式作战等新型作战理念直接相关。例如,分布式作战概念的核心思想是不再由当前的高价值、多用途平台独立完成作战任务,而是将能力分散部署到多种平台上,由多个平台联合形成作战体系共同完成任务。这一作战体系包括少量有人平台和大量无人平台。其中,有人平台的驾驶员作为战斗管理员和决策者,负责任务的分配和实施;无人平台则用于执行相对危险或相对简单的单项任务。

现有的地面无人系统火力控制技术与坦克等地面突击武器具有相似性,在传统火控技术的基础上,增强了网络化性能、智能化性能和协同能力。例如,日本的 10 式主战坦克(以下简称 10 式坦克)的炮长可以独自完成从自动搜索到跟踪的全部任务,可以同时捕获 8 个目标,并可以通过数据链传送给其他的 10 式坦克,实施同时射击。10 式坦克的高清摄像机系统,可以对目标进行自动识别并上传到作战网络,并通过计算机自动分配目标进行攻击。10 式坦克的计算机运用目标自动分配功能确定每辆坦克的打击目标,并将打击目标的图像数据实时传输到各坦克。接收到数据的坦克在排长指挥下,同时前进至有利位置,对 8 个目标进行快速齐射。10 式坦克排的指挥员可以随时收到各坦克传输来的敌情,随时下达命令和调整部署。

无人系统火力控制技术的发展特点还有多车协同以及空地协同。法国在 2005 年的阿布扎比国际防务展上,展出了一个坦克概念模型"勒克莱尔"。早在 2002 年,法国原总装备部就透露正在研究"勒克莱尔"主战坦克,面向 2015 年的未来升级计划,要将该坦克集成到法国陆军的空地一体化作战系统(BOA)内。该系统引入新的网络中心战思想,旨在于 2015 年建成网络化地面作战系统。在该系统中,无人地面车辆和无人机载传感器将与"勒克莱尔"主战坦克、轮式装甲战车(WAFV)、"虎"式攻击直升机、一体化士兵系统等组成一个复杂的大系统,达到提高作战反应速度、增强作战效能的目的。"勒克莱尔"主战坦克面向未来信息化战场需要,按照网络中心战思想设计,通过"改中升代"的途径实现了信息化、网络化特征的坦克跨代发展。

指控火控一体化是地面装备火控技术的必然方向。指控火控一体化系统可实现通信管理、接收作战任务、获取空情、威胁判断、火力分配、目标跟踪、诸元解算、弹炮结合控制、内部总线通信与外部网络通信等指控与火控功能的有机融合,使战斗分队高效组织火力,协同打击来袭目标。其中,威胁判断、目标跟踪、高效组织火力协同打击的功能需要由多武器网络化协同火力控制系统完成。

思考与练习

1. 什么是火控系统？
2. 火控系统从不同的角度可以分为哪几类？
3. 火控系统的主要性能指标有哪些？
4. 地面无人打击平台火力控制的主要技术特点有哪些？

第 2 章 火控系统数学模型

火控系统的数学模型依据火控系统的输入、输出以及功能要求建立,核心是解算射击诸元。对于静止目标,在已知外弹道的情况下,可以通过外弹道参数快速完成射击诸元解算;对于运动目标,在外弹道的基础上,还涉及对于未来目标位置的解命中问题。因此,火控系统的射击诸元解算问题通常归结为外弹道问题和解命中问题。

2.1 坐标系与坐标变换

在火控系统中,选取直角坐标系、球坐标系、极坐标系、柱坐标系或混合坐标系来表示目标的位置信息。工程实践表明,坐标系的选取直接影响着火控系统的状态变量,进而影响着状态方程和量测方程的结构,也影响着动态噪声和量测噪声的统计特性,从而对目标运动状态的估计产生影响。下面介绍火控系统常用坐标系。

2.1.1 火控系统常用坐标系

想要描述一个空间质点的位置和运动方程,必须选择一个坐标系。在坐标系里,通常采用距离和角度描述一个点的位置,其中,距离的起点为坐标原点,坐标轴和坐标面作为角度计量时的参考基准。这样由坐标原点、坐标轴、坐标面三个要素组成的坐标系就可以作为描述空间点位置的基准。

1. 惯性坐标系

惯性坐标系是牛顿在建立物体速度的变化与作用在物体上力的关系时采用的一种坐标系。它是绝对静止或做匀速直线运动的坐标系,亦即没有加速度的坐标系。在这种坐标系中,牛顿建立了动力学基本定律,即牛顿的第一定律和第二定律。当然,这种绝对静止或严格做匀速直线运动的惯性坐标系只是理论上存在的,在实际中是不存在的。它只是牛顿提出的一种假设。尽管如此,牛顿的运动学基本定律仍然没有失去它的重要价值。

众所周知,物质的运动是永恒的,但又很难找到一个严格地仅做匀速运动而无加速度的物体,因此真正的惯性坐标系只是理论上存在的。以地心为坐标原点,3 个坐标轴指向恒星方向,不随地球转动,这样的坐标系称为地心坐标系。由于地球公转的周期是 1 年,平均向心加速度只有 $6.15 \times 10^{-4} g$,因此在研究地球表面附近物体的运动时,这样小的向心加速度可以忽略不计。所以,在解命中问题或使用陀螺装置测量和计算火控系统中的某些参数时,常常把地心坐标系作为惯性参考系。

地球坐标系和地理坐标系都是与地球固连的坐标系,它们随地球自转而转动,因此大地相对这两个坐标系是静止不动的。但是,它们的原点和坐标轴的指向是不同的。

(1) 地球坐标系

地球坐标系以地球中心为坐标原点 O_e，通常规定一个坐标轴为地球的旋转轴，指向地球的北极方向，记为 O_eX_e 轴；另外两个坐标轴 O_eY_e 轴和 O_eZ_e 轴在地球的赤道平面内，其中，坐标轴 O_eY_e 为赤道平面与子午面的交线，坐标轴 O_eZ_e 根据右手定则确定其方向。地球坐标系记为 $O_eX_eY_eZ_e$，如图 2-1 所示。

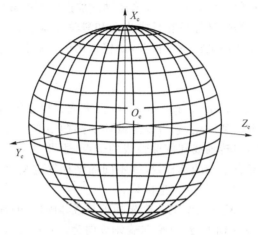

图 2-1　地球坐标系

(2) 地理坐标系

地理坐标系以地球表面上的某一点为坐标原点 O，通常规定 OX 轴沿原点所在纬线的切线方向，以向东为正；OY 轴沿原点所在经线的切线方向，以向北为正；OZ 轴垂直于过原点的水平面，以指向天顶为正。地理坐标系记为 $OXYZ$，如图 2-2 所示。

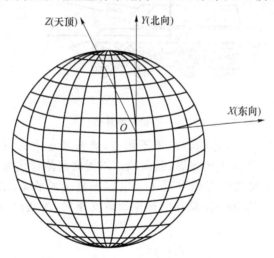

图 2-2　地理坐标系

在现代火控系统中，地理坐标系是经常应用的一种坐标系。在该坐标系中，通常人为指定 Y 轴为方位角的参考线，这就是火控系统工作时要首先寻北的原因，即要找到 Y 轴的指向；X 轴和 Y 轴构成的水平面为方位角的参考面，过原点和 OZ 轴的铅垂面为高低角（俯仰角）的参考面，该铅垂面与水平面的交线为高低角（俯仰角）的参考线。

地球坐标系和地理坐标系对火控问题来说，地球自转的影响微乎其微，完全可以忽略不计。因此,在火炮火控系统中,它们通常作为惯性坐标系来使用,工程实践表明二者完全满足工程需求。在这两个坐标系中,空间点载体、弹丸和目标的速度和加速度就可理解为"绝对速度"和"绝对加速度",它们可以通过空间点的位置坐标或向量对时间求一次导数或二次导数获得。

2. 非惯性坐标系

对于观察和研究的对象来说,如果坐标系运动的加速度不能被忽略,那么该坐标系就只能作为非惯性坐标系。非惯性坐标系在日常生活和科学技术实践中是大量使用的。例如,火炮火控系统中采用的非惯性坐标系有很多,比较常用的有载体坐标系、瞄准线坐标系、地面直角坐标系等。

(1) 载体坐标系

载体坐标系(vehicle coordinate system)是自行火炮火控系统最常用的非惯性坐标系,它的原点是固定在载体上的某一点,它可以是载体的摇摆中心、几何中心和质心,也可以是跟踪传感器(如跟踪雷达)回转轴线和俯仰轴线的交点,还可以是炮塔回转轴线和某个平面的交点。其坐标轴的定义有不同的选择,根据不同的坐标轴定义可以将非惯性坐标分为多个类型,本节介绍其中 3 种常见的载体坐标系。

不稳定载体坐标系 $O_{v1}X_{v1}Y_{v1}Z_{v1}$ 的 3 个坐标轴与载体固连,通常规定它的原点 O_{v1} 为载体的质心;$O_{v1}Y_{v1}$ 轴与载体纵轴平行,以指向载体首向为正;$O_{v1}X_{v1}$ 轴与载体横轴平行,以指向载体右侧为正;$O_{v1}X_{v1}$ 轴和 $O_{v1}Y_{v1}$ 轴构成与载体的甲板平面平行的平面 $O_{v1}X_{v1}Y_{v1}$;$O_{v1}Z_{v1}$ 轴垂直于 $O_{v1}X_{v1}Y_{v1}$ 平面,以指向天顶为正。不稳定载体坐标系会随着载体的运动而运动,所以是"不稳定"的。图 2-3 所示为不稳定载体坐标系。

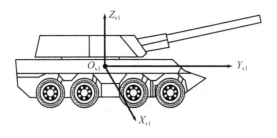

图 2-3 不稳定载体坐标系

稳定载体坐标系的 3 个坐标轴与载体不固连,通常规定它的原点 O_{v2} 为载体的质心,$O_{v2}Y_{v2}$ 轴为载体纵轴在水平面上的投影(航向线),以指向载体首向为正;$O_{v2}X_{v2}$ 轴在水平面内与 $O_{v2}Y_{v2}$ 轴垂直,以指向载体右侧为正;$O_{v2}Z_{v2}$ 轴垂直于水平面,以指向天顶为正。由于 $O_{v2}X_{v2}$ 轴、$O_{v2}Y_{v2}$ 轴和 $O_{v2}Z_{v2}$ 轴不随载体的摇摆而改变指向,因此是"稳定"的。图 2-4 所示为稳定载体坐标系。

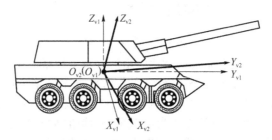

图 2-4 稳定载体坐标系

载体地理坐标系与稳定载体坐标系一样,3个坐标轴与载体不固连,它不随载体摇摆,因此也是"稳定"的。它的原点 O_{v3} 为载体的质心,3个坐标轴的取向与地理坐标系相同,即 $O_{v3}X_{v3}$ 轴沿原点所在纬线的切线方向,以向东为正;$O_{v3}Y_{v3}$ 轴沿原点所在经线的切线方向,以向北为正;$O_{v3}Z_{v3}$ 轴垂直于过原点的水平面,以指向天顶为正。由于它的原点随着载体一起移动,因此称它为载体地理坐标系或相对地理坐标系,如图2-5所示。

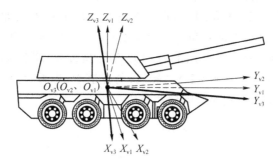

图 2-5 载体地理坐标系

(2)瞄准线坐标系

瞄准线坐标系(sight line coordinate system)是固连在目标坐标测定器瞄准线上的一种直角坐标系,记为 $O_m^0 D_m^0 \beta_m^0 \varepsilon_m^0$。由于瞄准线可以指向空间任意方向,所以瞄准线坐标系是随被跟踪目标运动而运动的坐标系。其原点为测手的眼睛或探测头的回转中心 O_m^0,未跟踪目标时,瞄准线坐标系记为 $O_m^0 D_m^0 \beta_m^0 \varepsilon_m^0$,其中 $O_m^0 D_m^0$ 轴、$O_m^0 \beta_m^0$ 轴、$O_m^0 \varepsilon_m^0$ 轴分别与载体坐标系的 $O_{v1}X_{v1}$ 轴、$O_{v1}Y_{v1}$ 轴、$O_{v1}Z_{v1}$ 轴平行,但坐标原点不重合。需要指出,对于一个特定的目标测定器,在设计安装完成后其瞄准线坐标系的原点 O_m^0 在载体坐标系 $O_{v1}X_{v1}Y_{v1}Z_{v1}$ 里的坐标就是常量,为了描述方便,把 $O_m^0 D_m^0 \beta_m^0 \varepsilon_m^0$ 与 $O_{v1}X_{v1}Y_{v1}Z_{v1}$ 平行的初始状态记为 $O_v X_v Y_v Z_v$,此时 O_v 与 O_m^0 重合。当目标测定器跟踪目标时,瞄准线轴 $O_m^0 D_m^0$ 指向目标,瞄准线相对载体坐标系在方位上回转了一个 β_m 角,在高低上回转了一个 ε_m 角,而 $O_m^0 \beta_m^0$、$O_m^0 \varepsilon_m^0$ 两轴亦随之做相应的转动,如图2-6所示。

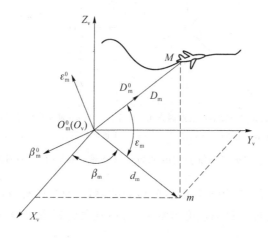

图 2-6 瞄准线坐标系

测手在瞄准具中观察到的跟踪误差和电视跟踪系的跟踪误差都是在瞄准线坐标系中得到的。在某些简易火控系统中常用瞄准线坐标系建立解相遇问题的标量方程。

(3) 地面直角坐标系

地面直角坐标系 $OXYZ$，是指坐标原点为 O，且 OX、OY 和 OZ 三轴相互垂直的右旋（手）坐标系。地面直角坐标系 $OXYZ$ 规定：OY 轴在水平面内指向北方（基准方向），OZ 轴垂直于水平面指向天，OX 轴的方向由右手定则确定。

火控系统常用的球坐标系 $OD\beta\varepsilon$ 与地面直角坐标系 $OXYZ$ 相关联，方位角 β 以由 OX 轴转向 Om 方向为正，高低角 ε 以由 Om 轴转向 OM 方向为正，如图 2-7 所示。

工程实践中所用的直角坐标系和球坐标系不一定与上述定义完全一致。例如，高射炮火控系统中习惯采用的地面直角坐标系 $OXYH$ 和球坐标系 $OD\beta\varepsilon$ 如图 2-8 所示，其中，地面直角坐标系 $OXYH$ 是一个左旋（手）坐标系，与弹道学、导弹火控系统、机载火控系统中通用的坐标系不一致，但不影响火控问题的描述。

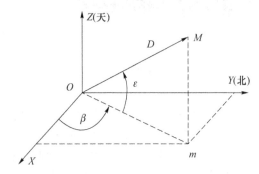

$OXYZ$——地面直角坐标系；$OD\beta\varepsilon$——地面球坐标系；D——斜距离；ε——高低角；β——方位角；m——空间点 M 在 OXY 平面的投影；Om——矢量 OM 在 OXY 平面的投影。

图 2-7 火控系统常用的球坐标系 $OD\beta\varepsilon$ 和地面直角坐标系 $OXYZ$

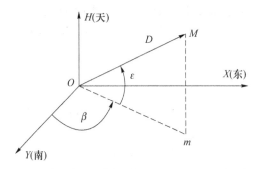

$OXYH$——高射炮火控系统应用的地面直角坐标系；$OD\beta\varepsilon$——地面球坐标系；m——空间点 M 在 OXY 平面的投影；Om——矢量 OM 在 OXY 平面的投影；ε——高低角；β——方位角。

图 2-8 高射炮火控系统应用的地面直角坐标系 $OXYH$ 和球坐标系 $OD\beta\varepsilon$

火控系统中，球坐标系常用于目标空间位置的测量，直角坐标系则常用于求取目标速度分量和提前点的直角坐标。目标速度为常数时，用直角坐标系求得的 3 个速度分量亦为常数，便于实施滤波。

(4) 车体坐标系与地面直角坐标系间的关系

载体坐标系在平台上称为平台坐标系，在飞机上称为飞机坐标系，在潜艇上称为潜艇坐标系,在地面装备中称为车体坐标系。下面以车体坐标系为例介绍车体坐标系与地面直角坐标系间的关系。设车体坐标系的坐标原点在车体几何中心;单位向量 Y_c 沿车体纵轴方向,正方向为车体前进方向;单位向量 X_c 沿车体横轴方向,正方向为前进方向的右侧;单位向量 Z_c 的方向垂直于载体平面,正方向向上。

假设车体坐标系与地面直角坐标系的坐标原点重合,当不重合时,由于初始状态对应的坐标轴是相互平行的,因此仅需要平移坐标系。车体坐标系 $O_cX_cY_cZ_c$ 与地面直角坐标系 $OXYZ$ 的有关轴之间构成描述车体姿态的角度:航向角 q,纵倾角 φ,横倾角 γ。姿态角 q、φ、γ 可由姿态传感器测量获得,也可由姿态矩阵解算出来。可从地面直角坐标系 $OXYZ$ 开始,先绕 OZ 轴转动航向角 q 得到 $OX'Y'Z'$,再绕 OX' 轴转动纵倾角 φ 得到 $OX''Y''Z''$,最后绕 OY'' 轴转动横倾角 γ 得到车体坐标系 $O_cX_cY_cZ_c$,如图 2-9 所示。

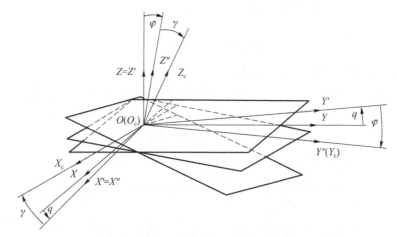

$OXYZ$——地面直角坐标系;$OX'Y'Z'$——绕 OZ 轴转动后的直角坐标系;
$OX''Y''Z''$——绕 OX' 轴转动后的直角坐标系;$O_cX_cY_cZ_c$——绕 OY'' 轴转动后的车体坐标系。

图 2-9 车体坐标系与地面直角坐标系间的关系

火控系统中,采用车体坐标系的目的是确定目标及武器相对于车体的运动,以便计算载体姿态变化时的射击诸元,并根据车体姿态保持武器线稳定和跟踪线稳定。

2.1.2 坐标系转换

把一种坐标系的各个坐标单位向另一个坐标系转换的过程称为坐标转换(coordinate conversion)。通常可以用转换矩阵、转换方程组进行转换。火控系统中由于配置和计算的需要,常采用多种坐标系,如球坐标系、直角坐标系、圆柱坐标系、弹道坐标系等,可用模拟部件或软件技术实现各个坐标系间的坐标转换。

1. 平面直角坐标系与极坐标系之间的转换

如图 2-10 所示,一平面直角坐标系和一极坐标系有共同的原点,M 点在平面直角坐标系下的坐标为 (x,y),在极坐标系下的坐标为 (ρ,θ)。两坐标系的坐标转换公式为

$$\begin{cases} x = \rho\cos\theta \\ y = \rho\sin\theta \end{cases} \quad (2\text{-}1)$$

$$\begin{cases} \rho = \sqrt{x^2 + y^2} \\ \theta = \arctan(y/x) \end{cases} \quad (2\text{-}2)$$

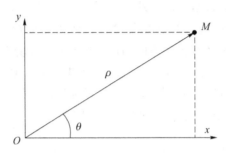

图 2-10 平面直角坐标系与极坐标系关系图

2. 直角坐标系与球坐标系之间的转换

如图 2-11 所示，一直角坐标系和一球坐标系有共同的原点，M 点在直角坐标系下的坐标为 (x,y,z)，在球坐标系下的坐标为 (D,ε,β)。两坐标系的坐标转换公式为

$$\begin{cases} x = D\cos\varepsilon\cos\beta \\ y = D\cos\varepsilon\sin\beta \\ z = D\sin\varepsilon \end{cases} \quad \text{或} \quad \begin{cases} D = \sqrt{x^2 + y^2 + z^2} \\ \beta = \arctan(y/x) \\ \varepsilon = \arctan(z/\sqrt{x^2 + y^2}) \end{cases} \quad (2\text{-}3)$$

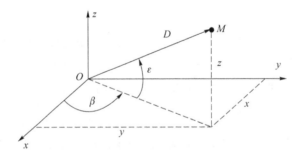

图 2-11 直角坐标系与球坐标系关系图

3. 直角坐标系平动坐标转换

如图 2-12 所示，坐标系 $O_1 x_1 y_1$ 和坐标系 $O_2 x_2 y_2$ 为两个平面直角坐标系，它们的原点不重合，两个平面直角坐标系对应的坐标轴相互平行，坐标系 $O_2 x_2 y_2$ 的原点在坐标系 $O_1 x_1 y_1$ 下的坐标为 (x_0, y_0)。M 点在直角坐标系 $O_1 x_1 y_1$ 下的坐标为 (x_1, y_1)，在直角坐标系 $O_2 x_2 y_2$ 下的坐标为 (x_2, y_2)。两坐标系的坐标转换公式为

$$\begin{cases} x_1 = x_2 + x_0 \\ y_1 = y_2 + y_0 \end{cases} \quad \text{和} \quad \begin{cases} x_2 = x_1 - x_0 \\ y_2 = y_1 - y_0 \end{cases} \quad (2\text{-}4)$$

写成向量的形式为

$$\begin{bmatrix} x_1 \\ y_1 \end{bmatrix} = \begin{bmatrix} x_2 \\ y_2 \end{bmatrix} + \begin{bmatrix} x_0 \\ y_0 \end{bmatrix} \quad \text{或} \quad \begin{bmatrix} x_2 \\ y_2 \end{bmatrix} = \begin{bmatrix} x_1 \\ y_1 \end{bmatrix} - \begin{bmatrix} x_0 \\ y_0 \end{bmatrix} \quad (2\text{-}5)$$

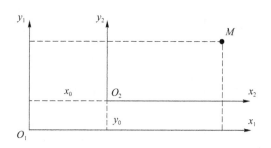

图 2-12 二维直角坐标系平移关系图

上面的二维直角坐标系情况可以推广到三维直角坐标系。如图 2-13 所示，M 点在直角坐标系 $O_1x_1y_1z_1$ 下的坐标为 (x_1, y_1, z_1)，在直角坐标系 $O_2x_2y_2z_2$ 下的坐标为 (x_2, y_2, z_2)。坐标系 $O_1x_1y_1z_1$ 和坐标系 $O_2x_2y_2z_2$ 的坐标原点不重合，但两个坐标系对应的坐标轴相互平行。坐标系 $O_2x_2y_2z_2$ 的原点在坐标系 $O_1x_1y_1z_1$ 下的坐标为 (x_0, y_0, z_0)。两坐标系的坐标转换公式为

$$\begin{cases} x_1 = x_2 + x_0 \\ y_1 = y_2 + y_0 \\ z_1 = z_2 + z_0 \end{cases} \quad 或 \quad \begin{cases} x_2 = x_1 - x_0 \\ y_2 = y_1 - y_0 \\ z_2 = z_1 - z_0 \end{cases} \tag{2-6}$$

写成向量的形式为

$$\begin{bmatrix} x_1 \\ y_1 \\ z_1 \end{bmatrix} = \begin{bmatrix} x_2 \\ y_2 \\ z_2 \end{bmatrix} + \begin{bmatrix} x_0 \\ y_0 \\ z_0 \end{bmatrix} \quad 或 \quad \begin{bmatrix} x_2 \\ y_2 \\ z_2 \end{bmatrix} = \begin{bmatrix} x_1 \\ y_1 \\ z_1 \end{bmatrix} - \begin{bmatrix} x_0 \\ y_0 \\ z_0 \end{bmatrix} \tag{2-7}$$

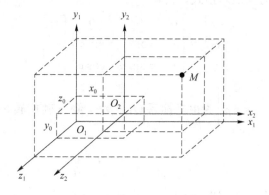

图 2-13 三维直角坐标系平移关系图

4. 直角坐标系转动坐标转换

在三维空间直角坐标系中，具有相同原点的两坐标系间的转换一般需要在 3 个坐标平面上，通过 3 次旋转才能完成。这一点欧拉已经进行了严格的数学证明。为了今后应用方便，下面推导坐标系旋转的坐标转换公式。

（1）绕 x 轴旋转 α 的坐标转换公式

点 M 在坐标系 $O_1x_1y_1z_1$ 下的坐标为 (x_1, y_1, z_1)，坐标系 $O_1x_1y_1z_1$ 绕 Ox_1 轴旋转 α 得到坐标系 $O_2x_2y_2z_2$，如图 2-14 所示。求点 M 在坐标系 $O_2x_2y_2z_2$ 下的坐标 (x_2, y_2, z_2)。

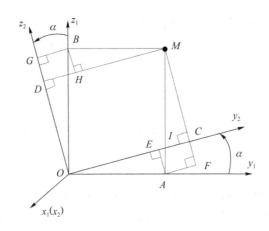

图 2-14 直角坐标系旋转坐标转换关系图(一)

由图 2-14 可知:$OA=BM=y_1$,$OB=AM=z_1$,$OC=y_2$,$OD=z_2$。由初等几何学可知:
$OC=OE+EC=OE+EI+IC=OA\cos\alpha+AI\sin\alpha+IM\sin\alpha=y_1\cos\alpha+z_1\sin\alpha$,即

$$y_2=y_1\cos\alpha+z_1\sin\alpha \tag{2-8}$$

同理,$OD=OG-GD=OG-BH=OB\cos\alpha-BM\sin\alpha=-y_1\sin\alpha+z_1\cos\alpha$,即

$$z_2=-y_1\sin\alpha+z_1\cos\alpha \tag{2-9}$$

又因为坐标系 $O_2x_2y_2z_2$ 是由坐标系 $O_1x_1y_1z_1$ 绕 Ox_1 轴旋转 α 得到的,所以 x 坐标保持原值不变,即

$$x_2=x_1 \tag{2-10}$$

把式(2-8)~式(2-10)写成矩阵形式,可得

$$\begin{bmatrix} x_2 \\ y_2 \\ z_2 \end{bmatrix} = \begin{bmatrix} 1 & 0 & 0 \\ 0 & \cos\alpha & \sin\alpha \\ 0 & -\sin\alpha & \cos\alpha \end{bmatrix} \begin{bmatrix} x_1 \\ y_1 \\ z_1 \end{bmatrix} \tag{2-11}$$

称矩阵 $\begin{bmatrix} 1 & 0 & 0 \\ 0 & \cos\alpha & \sin\alpha \\ 0 & -\sin\alpha & \cos\alpha \end{bmatrix}$ 为由坐标系 $O_1x_1y_1z_1$ 绕 x 轴旋转 α 得到坐标系 $O_2x_2y_2z_2$ 的坐标转换矩阵,设

$$\boldsymbol{T}_x(\alpha) = \begin{bmatrix} 1 & 0 & 0 \\ 0 & \cos\alpha & \sin\alpha \\ 0 & -\sin\alpha & \cos\alpha \end{bmatrix} \tag{2-12}$$

把式(2-12)代入式(2-11)可以写为

$$\begin{bmatrix} x_2 \\ y_2 \\ z_2 \end{bmatrix} = \boldsymbol{T}_x(\alpha) \begin{bmatrix} x_1 \\ y_1 \\ z_1 \end{bmatrix} \tag{2-13}$$

(2)绕 y 轴旋转 β 的坐标转换公式

点 M 在坐标系 $O_1x_1y_1z_1$ 下的坐标为 (x_1,y_1,z_1),坐标系 $O_1x_1y_1z_1$ 绕 Oy_1 轴旋转 β 得到坐标系 $O_2x_2y_2z_2$,如图 2-15 所示。求点 M 在坐标系 $O_2x_2y_2z_2$ 下的坐标 (x_2,y_2,z_2)。

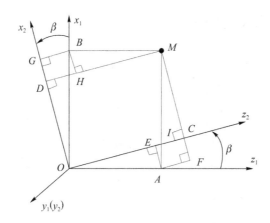

图 2-15 直角坐标系旋转坐标转换关系图(二)

由图 2-15 可知：$OA=BM=z_1$，$OB=AM=x_1$，$OC=z_2$，$OD=x_2$。由初等几何学可知：
$OC=OE+EC=OE+AF=OA\cos\beta+AM\sin\beta=z_1\cos\beta+x_1\sin\beta$，即

$$z_2=x_1\sin\beta+z_1\cos\beta \tag{2-14}$$

同理，$OD=OG-GD=OG-BH=OB\cos\beta-BM\sin\beta=x_1\cos\beta-z_1\sin\beta$，即

$$x_2=x_1\cos\beta-z_1\sin\beta \tag{2-15}$$

又因为坐标系 $O_2x_2y_2z_2$ 是由坐标系 $O_1x_1y_1z_1$ 绕 Oy_1 轴旋转 β 得到的，所以 y 坐标保持原值不变，即

$$y_2=y_1 \tag{2-16}$$

把式(2-14)～式(2-16)写成矩阵形式，可得

$$\begin{bmatrix} x_2 \\ y_2 \\ z_2 \end{bmatrix} = \begin{bmatrix} \cos\beta & 0 & -\sin\beta \\ 0 & 1 & 0 \\ \sin\beta & 0 & \cos\beta \end{bmatrix} \begin{bmatrix} x_1 \\ y_1 \\ z_1 \end{bmatrix} \tag{2-17}$$

称矩阵 $\begin{bmatrix} \cos\beta & 0 & -\sin\beta \\ 0 & 1 & 0 \\ \sin\beta & 0 & \cos\beta \end{bmatrix}$ 为由坐标系 $O_1x_1y_1z_1$ 绕 y 轴旋转 β 得到坐标系 $O_2x_2y_2z_2$ 的坐标转换矩阵，设

$$\boldsymbol{T}_y(\beta) = \begin{bmatrix} \cos\beta & 0 & -\sin\beta \\ 0 & 1 & 0 \\ \sin\beta & 0 & \cos\beta \end{bmatrix} \tag{2-18}$$

把式(2-18)代入式(2-17)可以写为

$$\begin{bmatrix} x_2 \\ y_2 \\ z_2 \end{bmatrix} = \boldsymbol{T}_y(\beta) \begin{bmatrix} x_1 \\ y_1 \\ z_1 \end{bmatrix} \tag{2-19}$$

(3) 绕 z 轴旋转 γ 的坐标转换公式

点 M 在坐标系 $O_1x_1y_1z_1$ 下的坐标为 (x_1,y_1,z_1)，坐标系 $O_1x_1y_1z_1$ 绕 Oz_1 轴旋转 γ 得到坐标系 $O_2x_2y_2z_2$，如图 2-16 所示。求点 M 在坐标系 $O_2x_2y_2z_2$ 下的坐标 (x_2,y_2,z_2)。

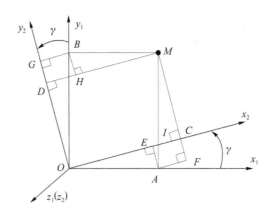

图 2-16 直角坐标系旋转坐标转换关系图(三)

由图 2-19 可知：$OA=BM=x_1$，$OB=AM=y_1$，$OC=x_2$，$OD=y_2$。由初等几何学可知：$OC=OE+EC=OE+AF=OA\cos\gamma+AM\sin\gamma=x_1\cos\gamma+y_1\sin\gamma$，即

$$x_2=x_1\cos\gamma+y_1\sin\gamma \tag{2-20}$$

同理，$OD=OG-GD=OG-BH=OB\cos\gamma-BM\sin\gamma=y_1\cos\gamma-x_1\sin\gamma$，即

$$y_2=-x_1\sin\gamma+y_1\cos\gamma \tag{2-21}$$

又因为坐标系 $O_2x_2y_2z_2$ 是由坐标系 $O_1x_1y_1z_1$ 绕 Oz_1 轴旋转 γ 得到的，所以 z 坐标保持原值不变，即

$$z_2=z_1 \tag{2-22}$$

把式(2-20)～式(2-22)写成矩阵形式，可得

$$\begin{bmatrix} x_2 \\ y_2 \\ z_2 \end{bmatrix} = \begin{bmatrix} \cos\gamma & \sin\gamma & 0 \\ -\sin\gamma & \cos\gamma & 0 \\ 0 & 0 & 1 \end{bmatrix} \begin{bmatrix} x_1 \\ y_1 \\ z_1 \end{bmatrix} \tag{2-23}$$

称矩阵 $\begin{bmatrix} \cos\gamma & \sin\gamma & 0 \\ -\sin\gamma & \cos\gamma & 0 \\ 0 & 0 & 1 \end{bmatrix}$ 为由坐标系 $O_1x_1y_1z_1$ 绕 z 轴旋转 γ 得到坐标系 $O_2x_2y_2z_2$ 的坐标转换矩阵，设

$$\boldsymbol{T}_z(\gamma) = \begin{bmatrix} \cos\gamma & \sin\gamma & 0 \\ -\sin\gamma & \cos\gamma & 0 \\ 0 & 0 & 1 \end{bmatrix} \tag{2-24}$$

把式(2-24)代入式(2-23)可以写为

$$\begin{bmatrix} x_2 \\ y_2 \\ z_2 \end{bmatrix} = \boldsymbol{T}_z(\gamma) \begin{bmatrix} x_1 \\ y_1 \\ z_1 \end{bmatrix} \tag{2-25}$$

(4) 绕 x 负轴旋转 α 的坐标转换公式

点 M 在坐标系 $O_1x_1y_1z_1$ 下的坐标为 (x_1,y_1,z_1)，坐标系 $O_1x_1y_1z_1$ 绕 Ox_1 轴旋转 $-\alpha$ 得到坐标系 $O_2x_2y_2z_2$，如图 2-17 所示。与图 2-14 不同的是，这里是绕 x 轴旋转 $-\alpha$。

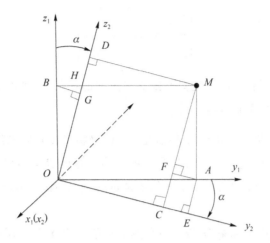

图 2-17 直角坐标系旋转坐标转换关系图(四)

为了今后使用方便,规定:对右手坐标系而言,绕各个轴旋转的方向符合右手的角度为正,否则为负。因此这里绕 x 轴旋转 $-\alpha$ 相当于绕 x 负轴旋转 α。求点 M 在坐标系 $O_2 x_2 y_2 z_2$ 下的坐标 (x_2, y_2, z_2)。

由图 2-17 可知:$OA=BM=y_1$,$OB=AM=z_1$,$OC=y_2$,$OD=z_2$。由初等几何可知:$OC=OE-EC=OE-AF=OA\cos\alpha-AM\sin\alpha=y_1\cos\alpha-z_1\sin\alpha$,即

$$y_2 = y_1\cos\alpha - z_1\sin\alpha \tag{2-26}$$

同理,$OD=OG+GD=OG+GH+HD=OB\cos\alpha+BM\sin\alpha=z_1\cos\alpha+y_1\sin\alpha$,即

$$z_2 = y_1\sin\alpha + z_1\cos\alpha \tag{2-27}$$

又因为坐标系 $O_2 x_2 y_2 z_2$ 是由坐标系 $O_1 x_1 y_1 z_1$ 绕 Ox_1 轴旋转 $-\alpha$ 得到的,所以 x 坐标保持原值不变,即

$$x_2 = x_1 \tag{2-28}$$

把式(2-26)~式(2-28)写成矩阵形式,可得

$$\begin{bmatrix} x_2 \\ y_2 \\ z_2 \end{bmatrix} = \begin{bmatrix} 1 & 0 & 0 \\ 0 & \cos\alpha & -\sin\alpha \\ 0 & \sin\alpha & \cos\alpha \end{bmatrix} \begin{bmatrix} x_1 \\ y_1 \\ z_1 \end{bmatrix} \tag{2-29}$$

称矩阵 $\begin{bmatrix} 1 & 0 & 0 \\ 0 & \cos\alpha & -\sin\alpha \\ 0 & \sin\alpha & \cos\alpha \end{bmatrix}$ 为由坐标系 $O_1 x_1 y_1 z_1$ 绕 x 轴旋转 $-\alpha$ 得到坐标系 $O_2 x_2 y_2 z_2$ 的坐标转换矩阵。把 $-\alpha$ 代入式(2-12)可得

$$\boldsymbol{T}_x(-\alpha) = \begin{bmatrix} 1 & 0 & 0 \\ 0 & \cos(-\alpha) & \sin(-\alpha) \\ 0 & -\sin(-\alpha) & \cos(-\alpha) \end{bmatrix} = \begin{bmatrix} 1 & 0 & 0 \\ 0 & \cos\alpha & -\sin\alpha \\ 0 & \sin\alpha & \cos\alpha \end{bmatrix}$$

与 $\begin{bmatrix} 1 & 0 & 0 \\ 0 & \cos\alpha & -\sin\alpha \\ 0 & \sin\alpha & \cos\alpha \end{bmatrix}$ 的形式完全一致,只是考虑了角度的正负。由此可知

$$\begin{bmatrix} x_2 \\ y_2 \\ z_2 \end{bmatrix} = \boldsymbol{T}_x(-\alpha) \begin{bmatrix} x_1 \\ y_1 \\ z_1 \end{bmatrix} \tag{2-30}$$

其形式与绕 x 轴旋转 α 的一致,可见只要定义了角度的正负,就可以用一种坐标转换矩阵完成坐标转换,不必每次都重新推导。

同理可得以上四种情况下的绕 y 负轴旋转 β 的坐标转换矩阵和绕 z 负轴旋转 γ 的坐标转换矩阵,请读者自己推导。综上所述,在使用上述推导的坐标转换公式时,首先要弄清是绕哪个轴旋转,其次判断转动的角度是正的还是负的,然后代入相应的坐标转换公式即可进行坐标转换。

例 2-1 设地面直角坐标系 $OXYZ$ 与车体坐标系 $O_cX_cY_cZ_c$ 的原点重合,初始状态坐标轴也相互重合。点 M 在地面直角坐标系 $OXYZ$ 下的坐标是 (x_0, y_0, z_0)。车体坐标系 $O_cX_cY_cZ_c$ 与地面直角坐标系 $OXYZ$ 有关轴之间构成描述载体姿态的角度:航向角 q,纵倾角 φ,横倾角 γ。车体坐标系 $O_cX_cY_cZ_c$ 由地面直角坐标系 $OXYZ$ 通过转动姿态角 q、φ、γ 获得。它们的旋转顺序是:由地面直角坐标系 $OXYZ$ 开始,先绕 OZ 轴转动航向角 q 得到 $OX_1Y_1Z_1$,再绕 OX_1 轴转动纵倾角 φ 得到 $OX_2Y_2Z_2$,最后绕 OY_2 轴转动横倾角 γ 得到车体坐标系 $O_cX_cY_cZ_c$,如图 2-18 所示。求:

(1) 由地面直角坐标系 $OXYZ$ 到载体坐标系 $O_cX_cY_cZ_c$ 的坐标转换矩阵。

(2) 点 M 在载体坐标系 $O_cX_cY_cZ_c$ 下的坐标 (x_z, y_z, z_z)。

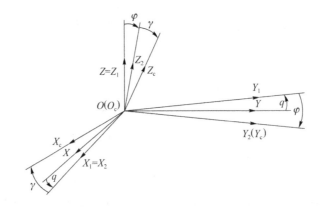

图 2-18 直角坐标系旋转坐标转换关系图

解:由坐标转换理论,可以根据以下步骤求解。

先求点 M 在坐标系 $OX_1Y_1Z_1$ 下的坐标 (x_1, y_1, z_1)。由地面直角坐标系 $OXYZ$ 绕 OZ 轴转动航向角 q 得到坐标系 $OX_1Y_1Z_1$,所以

$$\begin{bmatrix} x_1 \\ y_1 \\ z_1 \end{bmatrix} = \begin{bmatrix} \cos q & \sin q & 0 \\ -\sin q & \cos q & 0 \\ 0 & 0 & 1 \end{bmatrix} \begin{bmatrix} x_0 \\ y_0 \\ z_0 \end{bmatrix} \tag{2-31}$$

再求点 M 在坐标系 $OX_2Y_2Z_2$ 下的坐标 (x_2,y_2,z_2)。由坐标系 $OX_1Y_1Z_1$ 绕 OX_1 轴转动纵倾角 φ 得到坐标系 $OX_2Y_2Z_2$，所以

$$\begin{bmatrix} x_2 \\ y_2 \\ z_2 \end{bmatrix} = \begin{bmatrix} 1 & 0 & 0 \\ 0 & \cos\varphi & \sin\varphi \\ 0 & -\sin\varphi & \cos\varphi \end{bmatrix} \begin{bmatrix} x_1 \\ y_1 \\ z_1 \end{bmatrix} = \begin{bmatrix} 1 & 0 & 0 \\ 0 & \cos\varphi & \sin\varphi \\ 0 & -\sin\varphi & \cos\varphi \end{bmatrix} \begin{bmatrix} \cos q & \sin q & 0 \\ -\sin q & \cos q & 0 \\ 0 & 0 & 1 \end{bmatrix} \begin{bmatrix} x_0 \\ y_0 \\ z_0 \end{bmatrix} \tag{2-32}$$

最后求点 M 在坐标系 $O_cX_cY_cZ_c$ 下的坐标 (x_z,y_z,z_z)。车体坐标系 $O_cX_cY_cZ_c$ 是由坐标系 $OX_2Y_2Z_2$ 绕 OY_2 轴转动横倾角 γ 得到，所以

$$\begin{bmatrix} x_z \\ y_z \\ z_z \end{bmatrix} = \begin{bmatrix} \cos\gamma & 0 & -\sin\gamma \\ 0 & 1 & 0 \\ \sin\gamma & 0 & \cos\gamma \end{bmatrix} \begin{bmatrix} x_2 \\ y_2 \\ z_2 \end{bmatrix} = \begin{bmatrix} \cos\gamma & 0 & -\sin\gamma \\ 0 & 1 & 0 \\ \sin\gamma & 0 & \cos\gamma \end{bmatrix} \begin{bmatrix} 1 & 0 & 0 \\ 0 & \cos\varphi & \sin\varphi \\ 0 & -\sin\varphi & \cos\varphi \end{bmatrix} \begin{bmatrix} x_1 \\ y_1 \\ z_1 \end{bmatrix}$$

$$= \begin{bmatrix} \cos\gamma & 0 & -\sin\gamma \\ 0 & 1 & 0 \\ \sin\gamma & 0 & \cos\gamma \end{bmatrix} \begin{bmatrix} 1 & 0 & 0 \\ 0 & \cos\varphi & \sin\varphi \\ 0 & -\sin\varphi & \cos\varphi \end{bmatrix} \begin{bmatrix} \cos q & \sin q & 0 \\ -\sin q & \cos q & 0 \\ 0 & 0 & 1 \end{bmatrix} \begin{bmatrix} x_0 \\ y_0 \\ z_0 \end{bmatrix} \tag{2-33}$$

所以：(1) 由地面直角坐标系 $OXYZ$ 到车体坐标系 $O_cX_cY_cZ_c$ 的坐标转换矩阵为

$$\boldsymbol{T} = \begin{bmatrix} \cos\gamma & 0 & -\sin\gamma \\ 0 & 1 & 0 \\ \sin\gamma & 0 & \cos\gamma \end{bmatrix} \begin{bmatrix} 1 & 0 & 0 \\ 0 & \cos\varphi & \sin\varphi \\ 0 & -\sin\varphi & \cos\varphi \end{bmatrix} \begin{bmatrix} \cos q & \sin q & 0 \\ -\sin q & \cos q & 0 \\ 0 & 0 & 1 \end{bmatrix}$$

$$= \begin{bmatrix} \cos\gamma & \sin\varphi\sin\gamma & -\cos\varphi\sin\gamma \\ 0 & \cos\varphi & \sin\varphi \\ \sin\gamma & -\sin\varphi\cos\gamma & \cos\varphi\cos\gamma \end{bmatrix} \begin{bmatrix} \cos q & \sin q & 0 \\ -\sin q & \cos q & 0 \\ 0 & 0 & 1 \end{bmatrix}$$

$$= \begin{bmatrix} \cos q\cos\gamma - \sin q\sin\varphi\sin\gamma & \sin q\cos\gamma + \cos q\sin\varphi\sin\gamma & -\cos\varphi\sin\gamma \\ -\sin q\cos\varphi & \cos q\cos\varphi & \sin\varphi \\ \cos q\sin\gamma + \sin q\sin\varphi\cos\gamma & \sin q\sin\gamma - \cos q\sin\varphi\cos\gamma & \cos\varphi\cos\gamma \end{bmatrix} \tag{2-34}$$

(2) 点 M 在车体坐标系 $O_cX_cY_cZ_c$ 下的坐标 (x_z,y_z,z_z) 为

$$\begin{bmatrix} x_z \\ y_z \\ z_z \end{bmatrix} = \begin{bmatrix} \cos q\cos\gamma - \sin q\sin\varphi\sin\gamma & \sin q\cos\gamma + \cos q\sin\varphi\sin\gamma & -\cos\varphi\sin\gamma \\ -\sin q\cos\varphi & \cos q\cos\varphi & \sin\varphi \\ \cos q\sin\gamma + \sin q\sin\varphi\cos\gamma & \sin q\sin\gamma - \cos q\sin\varphi\cos\gamma & \cos\varphi\cos\gamma \end{bmatrix} \begin{bmatrix} x_0 \\ y_0 \\ z_0 \end{bmatrix}$$

$$= \begin{bmatrix} (\cos q\cos\gamma - \sin q\sin\varphi\sin\gamma)x_0 + (\sin q\cos\gamma + \cos q\sin\varphi\sin\gamma)y_0 - (\cos\varphi\sin\gamma)z_0 \\ (-\sin q\cos\varphi)x_0 + (\cos q\cos\varphi)y_0 + (\sin\varphi)z_0 \\ (\cos q\sin\gamma + \sin q\sin\varphi\cos\gamma)x_0 + (\sin q\sin\gamma - \cos q\sin\varphi\cos\gamma)y_0 + (\cos\varphi\cos\gamma)z_0 \end{bmatrix} \tag{2-35}$$

结论：在应用坐标转换公式时，首先要弄清是绕哪个轴旋转，其次判断转动的角度是正的还是负的（规定：对右手坐标系而言，绕各个轴旋转的方向符合右手时的角度为正，否则为负；如果坐标系是左手坐标系，其坐标转换公式同右手坐标系绕负轴旋转的情形），最后将基本坐标转换矩阵按旋转的顺序由右向左连乘，即可进行坐标转换。

2.2 诸元解算问题分析

火控系统最基本的作用是完成诸元解算。随技术的发展,解算问题和流程被赋予了更多的内容和信息。对于地面无人系统的火控解算问题,本质内容没有发生任何改变,但在解算地点、解算流程等外在形式上有所变化。

2.2.1 火控解算的基本问题

火控解算的最终目标是求取控制武器瞄准和射击的射击诸元。

跟踪传感器(如跟踪雷达和/或光电跟踪器等)安装在车体上,即跟踪传感器对目标位置的量测数据为不稳定坐标系数据。由于弹道射表、弹道微分方程求解和解命中求解均在地理坐标系上进行,所以需要将不稳定的目标输入数据变换到地理坐标系上。要想命中目标需要知道目标在未来某时刻到达的位置(提前点),而跟踪传感器对目标位置的量测数据中或多或少含有量测误差或随机干扰(噪声)。因此,为减小量测数据的噪声,求出目标的运动参数(目标速度、加速度等),需使用滤波方法对目标数据进行处理。

火控解算的根本任务是求取武器的射击诸元,以使得武器按此射击诸元发射出去的弹丸等能命中目标。解命中计算的射击诸元是武器相对于地理坐标系的指向,而武器安装在车体上,要想保持武器指向正确的方向,就需要将解命中输出的稳定诸元变换成不稳定诸元(车体或炮塔坐标系)控制武器。

武器与跟踪传感器之间存在机械安装误差、弹道气象参数准备误差、解算误差、目标机动、武器伺服系统误差、射击散布等,致使在武器射击控制过程中存在射击偏差。使用射击校正方法能有效地减小射击偏差,提高命中目标的概率。

由上面的分析可知武器火控解算应主要包括输入坐标变换、目标运动参数求取(滤波)、解命中计算、射击诸元输出坐标变换、射击校正(如武器的实弹校正、虚拟校射和闭环校射)等。对于先进的火控系统,还将涉及目标分析、火力规划以及战术指挥等部分内容。

2.2.2 火控解算的基本流程

不同使命任务的火控解算流程有所不同,图2-19所示为典型先进火控系统解算基本流程图。归结起来其基本流程包括:

(1) 情报指挥。接收由搜索传感器提取的目标数据,由火控系统进行处理,并进行目标类型识别和威胁估计,形成目标威胁序列表。

(2) 目标分配和指示。根据目标威胁序列表自动提取打击目标,完成目标分配,并向相应跟踪传感器发送目标指示数据。

上述两条是在单车式火控系统工作方式下进行的。当火控系统工作在集中指挥工作方式下时,由火控系统直接接收平台作战指挥系统的目标指示命令及数据,完成目标分配,并向相应跟踪传感器和武器发送目标指示数据。

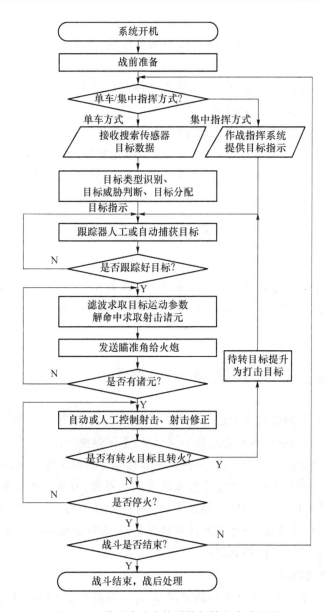

图 2-19 典型先进火控系统解算基本流程图

(3) 捕获、跟踪目标。火控系统自动或操作手人工辅助捕获、跟踪目标,同时根据目标指示数据控制瞄准线。在跟踪传感器截获目标并转入跟踪状态的同时,火控系统根据跟踪传感器所测量的目标数据,滤波求取目标运动参数,开始控制跟踪传感器对目标保持跟踪。

(4) 火控解算。火控系统根据滤波求取的目标运动参数,实时解算射击诸元。

(5) 射击诸元输出。射击诸元经过变换后,以数字量形式,或通过数/模转换为模拟量形式,发送给火炮。

(7) 控制射击。当目标进入有效射击区域,火控系统解算诸元时,自动或人工控制对目标进行射击。

(8) 射击修正。对于坦克、无人战车等武器,通常在参加战斗之前进行射击修正,包括光学修正、电子修正和实弹修正等。对于高炮、舰炮等火控系统,一般先进行试射,射击指挥员根据测得的或观测到的偏差数据进行射击偏差修正,并下达修正命令,然后进行效力射击。

(9) 转火。在目标被毁伤,或远离,或进入其他武器的有效打击区域等情况下,可依据命令或战术应用软件的提示,实施转火。

(10) 停火。依据预定准则实现自动停射,也可按指挥员命令进行人工停射。

(11) 数据记录。在战斗过程中,可记录必要的战术数据,以供战后分析使用。

(12) 战后处理。战斗结束后,将各设备的状态复位,并分别做好规定的战后处理工作。

2.3 外弹道问题计算

弹道诸元计算是火控计算的重要组成部分。精确而实用的弹道诸元计算方法,对于提高火控解算精度、缩短解算时间具有重要作用。由于条件和要求不同,因此弹道诸元的计算方法是多种多样的,目前主要有以下几类方法。

2.3.1 直接计算弹道微分方程组

弹道微分方程组是对弹丸空中运动过程的数学描述,它反映了空中飞行的弹丸在各种力和力矩作用下的运动规律,因而能适应不同口径、不同弹种的弹道计算的需要。采用弹道微分方程组直接进行弹道诸元的计算,只需要一套标准化的程序及不同口径、不同弹种和不同的弹道气象条件,对方程中的空气动力和动力矩的系数、方程的初始条件进行更换和修正,因此具有很好的通用性。但是,这种方法要求弹道方程中的有关参数和初始条件要比较精确,否则难以保证计算精度;另外它的计算量很大,要求有高性能的计算机,因此只有在计算机技术高度发展的今天才能得到应用。

1. 弹道微分方程组简介

建立弹道微分方程组时,根据不同的情况和要求,可以建立不同的弹道微分方程组。目前常见的有刚体弹道方程组、简化刚体弹道方程组、质点弹道方程组和修正质点弹道方程组。

刚体弹道微分方程组又称六自由度弹道方程,它将弹丸在空中的运动视为一般刚体运动,是在考虑了作用在弹丸上的全部力和力矩后得到的,因而是最为精确的弹道计算模型。由于刚体弹道微分方程组过于复杂,且对气动力和初始条件要求都比较高,因此一般不用作火控解算的弹道诸元计算模型。

简化刚体弹道模型是在忽略了赤道阻尼力矩和高频小振幅运动后,对刚体弹道微分方程组进行不同程度的简化后得到的,也是相对精确的弹道计算模型。根据简化程度的不同,简化刚体弹道模型包括简化的六自由度模型、五自由度模型和四自由度模型。简化刚体弹道模型的精度和复杂性介于刚体弹道微分方程组和质点弹道微分方程组之间。

质点弹道微分方程组是将弹丸作为一个质点,只考虑空气阻力和重力的作用而建立起来的。将空气阻力和重力分别用空气阻力加速度 a 和重力加速度 g 来表示时,以初速 v_0 和射角 θ_0 发射的弹丸,它的质心在时刻 t 的运动状态如图 2-20 所示。质点弹道微分方程组的表达式如式(2-36)所示。

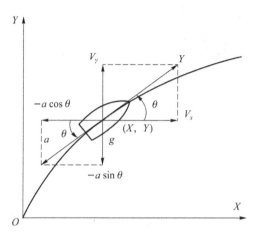

图 2-20 弹丸质心在时刻 t 的运动状态

$$\begin{cases} \dfrac{\mathrm{d}v_x}{\mathrm{d}t} = -CH(y)F(v)\cos\theta \\ \dfrac{\mathrm{d}v_y}{\mathrm{d}t} = -CH(y)F(v)\sin\theta - g \\ \dfrac{\mathrm{d}x}{\mathrm{d}t} = v_x \\ \dfrac{\mathrm{d}y}{\mathrm{d}t} = v_y \\ v = \sqrt{v_x^2 + v_y^2} \end{cases} \quad (2\text{-}36)$$

起始条件:$t=0$ 时,$v=v_0$,$\theta=\theta_0$,$x=y=0$。其中,C 为弹道系数;$H(y)$ 为空气密度函数;$F(v)$ 为空气阻力函数;g 为重力加速度。

质点弹道微分方程组称为三自由度或二自由度模型。由于它无法在模型中反映弹丸旋转带来的偏流影响,因此在使用质点弹道微分方程组描述弹道时,一般都忽略偏流大小。如果需要计算偏流大小,则需要使用专门计算弹道偏流的公式。

由式(2-36)可知,质点弹道微分方程组要求的空气动力参数非常少,方程比较简单,计算量不很大,因此比较容易计算。但是,由于方程建立时忽略的因素过多,因此计算结果往往偏离真实的弹道,精度很难满足火控系统对弹道诸元计算精度的要求。为了弥补质点弹道微分方程组的不足,提高计算精度,但又不过分地增加计算量,通常在弹丸质点弹道模型的基础上,根据工程实际增加一些原模型中忽略的因素,建立修正质点弹道微分方程组。由于该方程组建立时考虑的因素要多一些,因此方程组会复杂些,但计算结果更能接近真实弹道,基本解决了工程应用中的计算精度与计算速度的矛盾,因而在目前的火控系统中得到了较为广泛的应用。一种典型的修正质点弹道微分方程组如下:

$$\begin{cases} \dfrac{\mathrm{d}v_x}{\mathrm{d}t} = -k_x v_x - \left(k_y + \lambda_3 + \dfrac{v_x}{R+y}\right)v_y \\ \dfrac{\mathrm{d}v_y}{\mathrm{d}t} = -k_x v_y + k_y v_n + \left(\lambda_3 + \dfrac{v_x}{R+y}\right)v_x - g\left(\dfrac{R}{R+y}\right)^2 \\ \dfrac{\mathrm{d}v_z}{\mathrm{d}t} = -k_x v_n + k_z v_n + \lambda_2 v_x - \lambda_1 v_y \\ \dfrac{\mathrm{d}x}{\mathrm{d}t} = v_x \left(\dfrac{R}{R+y}\right) \\ \dfrac{\mathrm{d}y}{\mathrm{d}t} = v_y \\ \dfrac{\mathrm{d}z}{\mathrm{d}t} = v_r \\ \dfrac{\mathrm{d}\dot{\gamma}_1}{\mathrm{d}t} = -m_y \dot{\gamma}_1 \end{cases} \quad (2\text{-}37)$$

其中：

$$k_x = \frac{\rho S}{2m} v_r c_x(Ma)$$

$$\rho = \frac{p_0}{R_1 \tau_0} \left(\frac{\tau(y)}{\tau_0}\right)^{\frac{g}{R_1 G_1} - 1}$$

$$\tau(y) = \tau_0 - G_1 y$$

$$\tau_0 = \frac{273.15 + t_0}{1 - k_v \dfrac{a_0}{p_0}}$$

$$g = 9.78049(1 + 0.00528001\sin^2 \Lambda)$$

$$Ma = \frac{v_r}{C_s}$$

$$C_s = \sqrt{kR_1 \tau(y)}$$

$$R_1 = \frac{8314.32}{28.9644} = 287.053072 \text{ J/(kg·K)}$$

$$m_\gamma = \frac{\rho S l d}{2C} v_r m'_{xx}(Ma)$$

其中，p_0 为地面气压(Pa)；t_0 为地面温度(℃)；a_0 为地面饱和蒸汽压力(Pa)；η 为火炮缠度；$\dot{\gamma}_1 = \dfrac{\dot{\gamma}_0}{\dot{\gamma}_0}$，$\dot{\gamma}_0$ 为弹的轴向角速度的初值；C 为轴向转动惯量；R 为球形地球模型等效地球半径，$R = 6358922$ m。

目前，火控系统中使用的修正质点弹道微分方程组，由于在方程建立时考虑的因素及处理方式的不同，有多种不同的表达式。例如，有在质点弹道模型基础上加升力、马格努斯力和诱导阻力的修正质点弹道模型，也有在质点弹道模型基础上加升力、科氏力并考虑地球表面曲率及重力加速度随高度变化的修正质点弹道模型……此处不再一一列举。

随着电子计算机的飞速发展，火控系统的硬件计算能力越来越强，之前一些难以满足实时性的算法开始在设备中得到应用。与此同时，火炮及弹药的发展对火控系统的弹道解算提出更高的精度需求，简化刚体弹道方程组，甚至简化前精确的刚体弹道方程组也因其远高于质点弹道方程组的精度优势开始逐步应用到火控系统中去。

2. 弹道微分方程组参数的选取

弹道微分方程组本质上是炮弹在飞行过程中的运动学、动力学特征的数学建模。通常，先分析炮弹在飞行过程中的受力、力矩情况，再根据运动学、动力学的基本原理得到能反映炮弹飞行的方程组。对同一大类的不同炮弹，它们在飞行过程中受到力和力矩的种类是一致的，但各种力或力矩的大小不同。弹道微分方程组给出炮弹飞行过程中的运动学、动力学特征，但弹道微分方程组本身并不对这些运动学、动力学特征进行量化，也就是说，弹道微分方程组只是对炮弹飞行过程中运动学、动力学特征的定性数学描述，这些特征的量化通过其他的方式进行描述。

量化炮弹飞行过程中运动学、动力学特征的量在方程中的表达是各个气动力、力矩系数。不同的炮弹对应着不同的气动力、力矩系数，在弹道微分方程组配上某型炮弹相应的气动力、力矩系数之后，就可以从数学上精确描述该炮弹的飞行弹道了。

目前有以下几种确定炮弹气动力、力矩系数的方法。

(1) 理论计算

理论计算涵盖的范围比较广，它既包括采用一定假设后的近似解析计算，也包括通过气-固耦合的流场变化数值模拟，甚至一些半经验公式，如底阻计算、摩擦阻力公式等的使用也可以归类到理论计算中。近似解析计算是在一些假设的情况下，直接求取气动力、力矩系数的过程。炮弹飞行过程中的气-固耦合流场数值模拟本质上是在计算机上模拟风洞试验，它通过数值模拟得到炮弹在不同情况下的受力、力矩情况，从而求取气动力、力矩系数。

(2) 风洞试验

风洞试验是利用一定比例的弹丸模型进行的试验，在求取该模型在风洞中的气动力、力矩系数后，利用相似准则得到全尺寸炮弹的相关系数。

(3) 靶道试验

靶道试验是实弹射击飞行试验的特例。它通过在弹道两侧设置各种测量仪器，形成专用于测量炮弹飞行信息的靶道，从而测量得到炮弹在实际飞行中的位置参数、速度参数、姿态等。利用外弹道辨识技术，根据测量得到的实测炮弹飞行参数进行逆向解算，得到炮弹的气动力、力矩系数。

(4) 实弹射击飞行试验

上述的几种试验方法的成本较低，但都有各自的局限性。对炮弹弹道的准确描述是一种工程性、实践性很强的工作，理论计算和风洞试验只能从理论上和气动力学上进行分析，其分析结果的准确性还有赖于实弹射击飞行检验，而靶道试验对试验场地和测量仪器的要求很高，且无法用于较大射角弹道的测量。对炮弹在全射角下的真实飞行情况，还需要通过专门的射击飞行试验得到并确定。

在准确求取炮弹的气动力、力矩系数的过程中，往往将上述的几种方法有选择地结合起来使用。如在设计前期，主要通过理论计算和风洞试验给出一套炮弹的气动力、力矩系数，并据此设计出检验充分、全面又耗弹量少的实弹试验方案进行实弹射击。最终，通过对实弹射击试验得到的大量实测弹道飞行数据进行处理，在已有的气动力、力矩系数基础上辨识出准确的炮弹气动力、力矩系数。

3. 弹道微分方程组的求解

火控系统弹道微分方程并不是孤立存在的,它是火控数学模型中的一个有机组成部分,协同其他相关的数学模型完成火控解算任务,因此,它是在一个特定环境中完成一个确定任务的微分方程组。由于任务和环境的约束,在选择和确定算法时需要考虑和解决一些特殊问题。

(1) 弹道微分方程组的初值

弹道微分方程组建立在以炮口为原点的地面直角坐标系中,是个一阶常微分方程组。它用于根据弹丸与目标相遇的点(命中点)的坐标确定火炮的射角 θ_0 和弹丸飞行时间 t_f。方程解算的已知条件有:弹道计算起始时刻($t=0$)的弹丸坐标量($x=y=z=0$)、弹丸初速(v_0)以及弹道终点(命中点)的坐标量(x_g、y_g、z_g)。很显然,这种方程的解算归类于求解微分方程组的边值问题。由于弹道微分方程组按边值问题进行求解是非常困难的,因此一般将它转换成初值问题进行解算。

弹道微分方程组按初值问题求解时,仅有前面给定的初值条件是不够的,必须增加弹丸初始倾斜角。弹丸初始倾斜角一般就是射角 θ_0。准确的射角需要根据命中点求解弹道微分方程组才能得到,因此初值中的射角 θ_0 只能是一个预估值,而精确的射角需要经过校正或迭代的方法才能获得。

通常利用前几次解命中得到的准确射角,用递推的方法确定本次射角预估值。例如,可以假定射角按二次曲线变化,应用前四次得到的准确射角就能用最小二乘法确定射角预估值 θ_{0i+1}:

$$\theta_{0i+1}=\theta_{0i}+\frac{1}{3}(4\Delta\theta_{0i}+\Delta\theta_{0i-1}-2\Delta\theta_{0i-2}) \quad (2\text{-}38)$$

其中:

$$\Delta\theta_{0i}=\theta_{0i}-\theta_{0i-1} \quad (2\text{-}39)$$

也可根据命中点的距离和高度的大小及弹道的基本规律,选择一种简单易算又能基本反映弹道规律的解析函数进行射角的预估。很显然,这种方法可以作为上一种方法的补充,在起始解命中时使用。

(2) 弹道微分方程组初值问题的算法

弹道微分方程组是个一阶常微分方程组,它的初值问题可表示为

$$\begin{cases} y'_1=f_1(t,y_1,y_2,\cdots,y_m) \\ y'_2=f_2(t,y_1,y_2,\cdots,y_m) \\ a\leqslant t\leqslant b \\ y'_m=f_m(t,y_1,y_2,\cdots,y_m) \\ y_1(a)=y_{10},\cdots,y_m(a)=y_{m0} \end{cases} \quad (2\text{-}40)$$

若令 $\boldsymbol{y}=(y_1,y_2,\cdots,y_m)^T$,$\boldsymbol{f}=(f_1,f_2,\cdots,f_m)^T$,$\boldsymbol{y}_0=(y_{10},y_{20},\cdots,y_{m0})^T$,则式(2-40)变为

$$\begin{cases} \boldsymbol{y}'=\boldsymbol{f}(t,\boldsymbol{y}), \quad a\leqslant t\leqslant b \\ \boldsymbol{y}(a)=\boldsymbol{y}_0 \end{cases} \quad (2\text{-}41)$$

而单个一阶常微分方程的初值问题表示为

$$\begin{cases} y' = f(t, y), & a \leqslant t \leqslant b \\ y(a) = y_0 \end{cases} \quad (2\text{-}42)$$

对比式(2-41)和式(2-42)可知，它们在形式上是完全相同的，差别仅仅表现在式(2-41)中用矢量函数，而式(2-42)中用标量函数。因此，只要把标量函数换成矢量函数，一阶常微分方程初值问题的解法就能用于一阶常微分方程组的初值问题。

一阶常微分方程初值问题数值求解的方法有多种，如欧拉方法、休恩方法、泰勒方法、龙格-库塔法和预测-校正法等。前四种方法称为单步法，它们只利用前一点的信息计算下一个点。在单步法中，应用最普遍的是龙格-库塔法，因为它具有精度高、稳定和易编程的特点。预测-校正法又称为多步法，它利用前面几个点的信息来计算下一个点。常用的预测-校正法有阿达姆斯-巴什弗斯-摩尔顿方法、米尔尼-辛普生方法、哈明方法等。多步法的优点是精度高；在截断误差与龙格-库塔法同阶的情况下，计算量更小；在计算中能顺便估计出截断误差，据此可判断选择的步长是否合适。多步法的缺点是必须用其他方法求开头几步的值，计算过程中改变步长后又要重新计算前几步的值。由于火控系统对弹道微分方程组的解算精度和实时性要求都较高，因此一般采用预测校正方法，但前几步仍需要由单步法进行解算。下面列出几种常用算法供参考。

① 四阶龙格-库塔法的计算公式，即

$$\begin{cases} y_{k+1} = y_k + \dfrac{h}{6}(k_1 + 2k_2 + 2k_3 + k_4) \\ k_1 = f(t_k, y_k) \\ k_2 = f\left(t_k + \dfrac{h}{2}, y_k + \dfrac{1}{2}k_1\right) \\ k_3 = f\left(t_k + \dfrac{h}{2}, y_k + \dfrac{1}{2}k_2\right) \\ k_4 = f(t_k + h, y_k + k_3) \end{cases} \quad (2\text{-}43)$$

其中，h 为步长。

② 阿达姆斯-巴什弗斯-摩尔顿方法计算公式，即

$$\begin{cases} P_{k+1} = y_k + \dfrac{h}{24}(-9f_{k-3} + 37f_{k-2} - 59f_{k-1} + 55f_k) & \text{（预测）} \\ y_{k+1} = y_k + \dfrac{h}{24}(f_{k-2} - 5f_{k-1} + 19f_k + 9f_{k+1}) & \text{（校正）} \\ y(t_{k+1}) - y_{k+1} \approx \dfrac{19}{270}(P_{k+1} - y_{k+1}) & \text{（误差估计）} \end{cases} \quad (2\text{-}44)$$

其中，$f_{k+1} = f(t_{k+1}, P_{k+1})$。

③ 哈明方法计算公式，即

$$\begin{cases} P_{k+1} = y_{i-1} + \dfrac{4h}{3}(2f_{k-2} - f_{k-1} + 2f_k) & \text{（预测）} \\ y_{k+1} = \dfrac{1}{8}(9y_k - y_{k-2}) + \dfrac{3h}{8}(f_{k+1} + 2f_k - f_{k-1}) & \text{（校正）} \\ y(t_{k+1}) - y_{k+1} \approx \dfrac{9}{121}(P_{k+1} - y_{k+1}) & \text{（误差估计）} \end{cases} \quad (2\text{-}45)$$

目前，龙格-库塔法及其变形、预测-校正法等算法已被编成标准子程序，可以方便地在

计算机中调用。

（3）步长的选择

步长的大小不仅决定计算精度，也决定计算量，因此，确定合理的步长是整个计算中的重要一环。一般说来，步长越大，截断误差越大，反之，步长减小，截断误差变小。但是，步长取得小，不仅会增加由 $y(a)$ 算到给定的 $y(b)$ 时需要的步数、增加计算量，而且可能引起几乎难以避免的舍入误差的积累增加。舍入误差与截断误差对步长的要求恰好是相反的，它们之间的关系可用图 2-21 表示。由此可见，计算精度并不一定会随着步长减小而提高，只有合理的步长才能使计算精度达到最高。

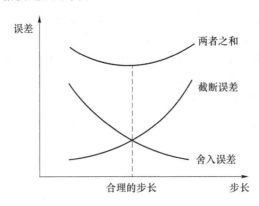

图 2-21　步长对误差的影响

在实际计算中，步长的确定主要取决于计算最终结果的绝对误差和相对误差是否满足精度要求。在步长的选择中，实际经验往往会起很大作用。例如，当空气阻力系数在声速附近的区域变化剧烈时，步长就要取得小一些，过了这个区域，步长就可以取得大一些；又如，在弹丸与目标交会的区域，时间步长可取 $h_t=0.01\text{ s},\cdots,0.001\text{ s}$ 等。此外，数字试算也是一种比较常用的方法，通过对实际计算问题的试算就能大体上确定适当的步长。

（4）方程中表格函数的处理

在弹道微分方程组中，涉及的空气动力系数和大气参数通常是一种表格函数，这种表格函数需要有相应的方法才能由计算机提供准确的函数值。借助于插值的表格法和逼近多项式法是两种比较常用的方法。前一种方法需要在计算机中存储体积庞大的表格，还需要应用线性插值或二次函数插值才能得到函数值；后一种方法需要事先进行函数逼近，在计算机中直接应用逼近多项式和数量不多的多项式系数就能进行函数值的计算。很明显，后一种方法更适应弹道计算。下面简要介绍一个利用逼近多项式表示函数 $C_x(M)$ 的例子。

设函数 $C_x(M)$ 如表 2-1 所示。为了进行函数逼近，要画出它的图像，然后按图像选择特征段，如图 2-22 所示。其特征段有 5 个，其中，Ⅰ、Ⅲ、Ⅴ段可以用直线关系 $C_x=aM+b$ 描述，而Ⅱ、Ⅳ段可用二次函数 $C_x=aM^2+bM+c$ 描述。函数中的系数可用选择点法、均方根法或最小二乘法等数学方法来计算。

表 2-1　函数 $C_x(M)$

M	0.1	0.8	1.0	1.2	1.3	1.4	1.6	1.8	2.0
C_x	0.158	0.158	0.325	0.385	0.381	0.371	0.351	0.332	0.316

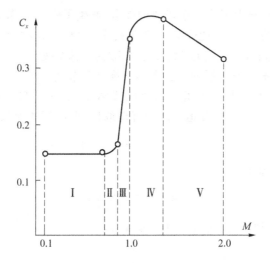

图 2-22 函数曲线的分段

下面用选择点法建立第Ⅳ段的逼近多项式，为此依公式中未知数的个数将三个点的坐标依次代入抛物线方程。取两个边界点(1.0,0.325)和(1.4,0.371)以及一个中间点(1.2,0.385)，得到如下一组代数方程：

$$\begin{cases} a+b+c=0.325 \\ 1.44a+1.2b+c=0.385 \\ 1.96a+1.4b+c=0.371 \end{cases}$$

解此方程组可求得未知数 a,b,c，于是得第Ⅳ段逼近多项式的最终形式为

$$C_x=-0.925M^2+2.355M-1.085$$

对于其余各段也可求得类似的方程，最后得到函数 $C_x(M)$ 的一般形式：

$$C_x(M)=\begin{cases} 0.158, & 0.1\leqslant M\leqslant 0.8 \\ 0.137M^2+0.086\,5M+0.000\,898, & 0.8\leqslant M\leqslant 0.9 \\ 1.35M-1.025, & 0.9\leqslant M\leqslant 1.0 \\ -0.925M^2+2.355M-1.085, & 1.0\leqslant M\leqslant 1.4 \\ -0.091\,7M+0.499\,3, & 1.4\leqslant M\leqslant 2.0 \end{cases}$$

对于上述逼近多项式，必须检验所得关系的正确性。若精度不能满足要求，就需要选用更高次的函数进行逼近。

2.3.2 基于简化弹道方程计算

简化弹道方程是在某些条件下，用近似的方法将弹道微分方程简化成解析函数表达式而得到的。要将弹道微分方程简化成解析函数表达式，只有在一些特定的条件，如弹道低伸、弹道高度变化小等条件下才能做到。因此，该方程在使用上有较大的局限性，只有在特定的条件下才能保证有较高的精度。但是，由于简化弹道方程采用的是解析表达式，它不需要解弹道微分方程，因而可以大大减少计算量。

下面介绍一种用于小口径高炮距离角的简化计算方法。

小口径高炮对空射击时，弹丸与目标在空中的相遇点（目标提前点）为 M_p，弹丸在重力

和空气动力的作用下,在空中形成一个弯曲的弹道,产生了弹道下降量 Δh_d。图 2-23 中,为了补偿弹道下降量,需抬高炮身,使弹丸沿炮身轴线 L 射击,这样,弯曲的弹道才能通过目标提前点 M_q。炮口 O 到目标提前点 M_q 的连线称为未来斜距 D_q,它与水平面的夹角称为未来高低角 ε_q,炮身轴线 L 与水平面的夹角称为高低瞄准角 φ,弹丸由 O 到达 M_q 所经过的时间称为弹丸飞行时间 t_f,φ 与 ε_q 的角差称为距离角 α。由于小口径高炮射程较短,空气弹道的弹道下降量可用真空弹道的弹道下降量近似取代,即用下式近似表达:

$$\Delta h_d = \frac{1}{2} g t_f^2 \tag{2-46}$$

如图 2-23 所示,按正弦定理可得

$$\sin \alpha = \frac{1}{2} g t_f^2 \frac{\sin(90° - \varphi)}{D_q} \tag{2-47}$$

由于在近射程时弹道比较平直,所以可进一步近似:

$$\begin{cases} D_q = V_0 t_f \\ \varphi \approx \varepsilon_q \\ \sin \alpha \approx \alpha \end{cases} \tag{2-48}$$

将式(2-48)代入式(2-47)可得

$$\alpha = \left[\frac{g}{2V_0}\right] t_f \cos \varepsilon_q \tag{2-49}$$

式(2-49)即为小口径高炮在近射程时距离角的近似计算公式。

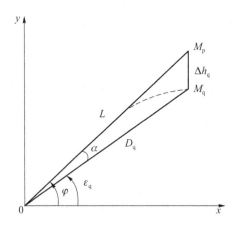

图 2-23 弹道下降量与距离角

2.4 解命中问题计算

2.4.1 目标运动要素求解

1. 目标运动假定

实现目标跟踪和预测的关键在于如何从带有噪声的观测量中提取出有用的目标状态信

息,多数目标跟踪算法基于目标运动建模。目标运动建模的主要难点在于目标运动的不确定性。一个合理、准确的目标运动模型将有利于从有限的观测信息中准确地获取目标状态信息。

一般来讲,所建立的机动目标模型既要符合目标机动的实际情况,又要便于工程上的数学处理。传统的火控系统大多采用一次假设的运动模型和最小二乘滤波方法,有的系统加入自适应调整观测时间,部分系统采用了自适应卡尔曼滤波理论。近 30 年来,人们在机动目标的统计模型和卡尔曼滤波的自适应算法方面进行了大量研究,并取得了丰硕的成果,最具代表性的是 Singer(1970)、Bar-Shalom(1989)及周宏仁(1991)、Li X R(2000—2003)等提出的模型。现代控制理论及计算机技术在火控系统中的应用,使得以往很多在工程上难以实现的算法现在可以改进并发展利用。目标运动模型的建立已经打破了传统的等时间间隔、线性、时常、平稳过程的限制。

在跟踪目标、估计目标运动状态及趋势时,通常将目标看作在空间中没有形状和大小的点目标,尤其在目标动态建模中。

(1) 匀速直线运动模型

众所周知,在三维物理空间中描述点目标的匀速直线运动时,使用三维位置和速度向量就可以表示目标状态。以一维的 x 为例,定义状态向量 $s=(x \quad \dot{x})^{\mathrm{T}}$。当目标为非机动点目标时,有 $\ddot{x}(t)=\mathbf{0}$。实际上,运动模型可考虑 $\ddot{x}(t)=w(t)\approx\mathbf{0}$,于是相应的状态空间模型为匀速直线运动,即其速度为常数,加速度为 $\mathbf{0}$,x 对时间 t 的二阶导数为 $\mathbf{0}$,也就是说 x 满足方程:

$$\ddot{x}(t)=\mathbf{0} \tag{2-50}$$

通常称为匀速(CV)模型。而实际中把目标的加速度作为随机噪声处理,即

$$\ddot{x}(t)=w(t)\approx\mathbf{0} \tag{2-51}$$

其中,$w(t)$ 是均值为零、方差为 $\sigma^2(t)$ 的高斯白噪声过程,可看作随机扰动带来的模型误差。

$$\begin{cases} E[w(t)]=\mathbf{0} \\ E[w(t)w^{\mathrm{T}}(s)]=\sigma^2(t)\delta(t-s) \end{cases} \tag{2-52}$$

由此得到连续时间系统的状态方程:

$$\begin{cases} \dot{s}(t)=\mathbf{A}(t)s(t)+\mathbf{B}(t)w(t) \\ s(t)=\begin{pmatrix} x(t) \\ \dot{x}(t) \end{pmatrix}, \mathbf{A}(t)=\begin{pmatrix} 0 & 1 \\ 0 & 0 \end{pmatrix}, \mathbf{B}(t)=\begin{pmatrix} 0 \\ 1 \end{pmatrix} \end{cases} \tag{2-53}$$

其中,$x,\dot{x},\ddot{x}$ 分别为目标在 x 轴上的位置分量、速度分量和加速度分量。

当目标发生机动,即目标运动表现出变加速度 $a(t)$ 特性时,目标模型应为

$$\dot{s}(t)=\mathbf{A}(t)s(t)+\mathbf{B}(t)a(t)$$

对跟踪系统来说,目标的机动是未知的。很显然,如何描述 $a(t)$ 是一个复杂的问题。

(2) 匀加速运动模型

与匀速模型类似,匀加速模型满足:

$$\dddot{x}(t)=\mathbf{0} \tag{2-54}$$

通常称为匀加速(CA)模型。实际中把目标的加加速度作为随机噪声处理,即

$$\dddot{x}(t)=w(t)\approx\mathbf{0} \tag{2-55}$$

其中 $w(t)$ 满足式(2-52),由此得到其连续时间系统的状态方程:

$$\dot{s}(t) = A(t)s(t) + B(t)w(t) \tag{2-56}$$

$$s(t) = \begin{pmatrix} x(t) \\ \dot{x}(t) \\ \ddot{x}(t) \end{pmatrix}, \quad A(t) = \begin{pmatrix} 0 & 1 & 0 \\ 0 & 0 & 1 \\ 0 & 0 & 0 \end{pmatrix}, \quad B(t) = \begin{pmatrix} 0 \\ 0 \\ 1 \end{pmatrix} \tag{2-57}$$

(3) Singer 模型

Singer 模型假设目标加速度 $a(t)$ 是零均值一阶马尔可夫过程，其自相关函数为指数衰减形式：

$$R_a(\tau) = E[a(t)a(t+\tau)] = \sigma_a^2 e^{-\alpha|\tau|}, \quad \alpha \geqslant 0 \tag{2-58}$$

精确选定参数 σ_a^2、α 是成功使用 Singer 模型的关键。式(2-58)中，σ_a^2、α 为在 $(t, t+\tau)$ 区间内决定目标机动特性的参数，σ_a^2 为机动加速度的方差，而 α 为机动时间常数 τ_m 的倒数，即机动频率 $\dfrac{1}{\tau_m}$。图 2-24 是目标加速度相关函数示意图。

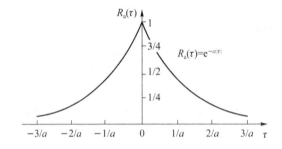

图 2-24 目标加速度相关函数示意图

对时间相关函数 $R_a(t)$ 应用 Wiener-Kolmogorov 白化程序后，机动加速度 $a(t)$ 可用输入为白噪声的一阶时间相关模型来表示，即

$$\dot{a}(t) = -\alpha \cdot a(t) + w(t) \tag{2-59}$$

其中，$w(t)$ 为均值为零、方差为 $2\alpha\sigma_a^2$ 的高斯白噪声。这样就得出一阶时间相关模型，即 Singer 模型：

$$\dot{s}(t) = A(t)s(t) + B(t)w(t) \tag{2-60}$$

$$s(t) = \begin{pmatrix} x(t) \\ \dot{x}(t) \\ \ddot{x}(t) \end{pmatrix}, \quad A(t) = \begin{pmatrix} 0 & 1 & 0 \\ 0 & 0 & 1 \\ 0 & 0 & -\alpha \end{pmatrix}, \quad B(t) = \begin{pmatrix} 0 \\ 0 \\ 1 \end{pmatrix} \tag{2-61}$$

由于 Singer 模型使用有色噪声而不是白噪声来描述机动加速度，因此更为切合实际，这正是 Singer 模型多年来受到青睐的原因。但 Singer 模型本质上是个先验模型，没有使用在线信息，其中大部分参数都是事先设定的。

可以看出，当机动时间常数 τ_m 增加时，Singer 模型蜕变为 CA 模型；反之，当机动时间常数 τ_m 减小时，Singer 模型蜕变为 CV 模型，即加速度变成噪声。因此，Singer 模型对应于目标介乎匀速和匀加速之间的运动，它比 CA 模型和 CV 模型有更大的目标机动模式覆盖范围。

2. 目标运动描述及其运动要素求取

由于空中目标、海面目标和地面目标的运动特性不同，并且跟踪传感器对不同类型目标的采样率不同,因此对不同类型的目标应选取不同的运动模型描述和滤波方法。

(1) 目标运动模型描述

① 空中目标。这类目标运动速度快、机动能力强、攻击样式复杂,用传统的匀速运动模型或单一的运动模型不能很好地描述,因此,现代火控系统对空中目标运动要素的求解一般选取多模型来覆盖目标的多样运动模式。通常选取的模型之一为 CV 模型,另一个模型选取为具有机动加速度的模型,如 CA 模型、Singer 模型或机动目标当前统计(CS)模型。对于特定的目标运动,系统还可以专门建立转弯模型、比例导引运动模型或其他非线性运动模型。

② 海上目标。海上目标运动一般只需考虑二维海平面运动,高度方向根据不同的海上目标以海拔高度确定参考值。海上目标运动速度相对较慢,通常以匀速直线运动为主,对于机动快艇目标常辅以转弯机动,因此对海上目标通常选取匀速模型,并在需要时建立转弯运动模型。

③ 地面目标。地面固定目标(阵地、据点等)建模的重点在于瞄准定位。对于可直接跟踪瞄准目标,通常简化为匀速直线运动;对于不可直接跟踪瞄准目标,根据不同间接瞄准跟踪手段进行确定,通常只能进行覆盖式打击。

(2) 目标参数滤波方法

随着现代控制技术的发展,卡尔曼滤波逐渐代替最小二乘滤波成为火控滤波的主要方法。由于最小二乘滤波方法不需要知道系统的噪声特性,而卡尔曼滤波需要实时获取较为准确的系统和量测噪声的统计特性,在某些情况下卡尔曼滤波的效果并不比最小二乘滤波方法好,因此针对不同类型及量测目标,应选择适配的滤波方法。对空中快速机动目标,由于采用多运动模型描述,有的还采用非线性复杂模型,因此往往采用交互式多模型卡尔曼滤波方法。在海上或地面目标运动速度慢、量测数据率低的情况下,往往使用自适应观测时间的最小二乘滤波方法。

3. 剔点处理

传统的剔点公式为

$$x = x_{i-1} + \frac{1}{2}(x_{i-2} - x_{i-4}) \tag{2-62}$$

其中,x_{i-1}、x_{i-2} 和 x_{i-4} 是紧挨着现在点的四个历史点迹中的三个点,而 x 是四个历史点的现在点外推值。当 $|x_i - x| \geqslant \delta$ 时,就认为现在点的观测值 x_i 为异常数据,而应用外推值 x 取代。

2.4.2 解相遇问题

1. 解相遇问题的几何描述

利用已经得到的目标运动参数(目标位置、速度、加速度等)、姿态数据(速度航向、纵摇角、横摇角等)、实际的弹道气象条件(弹丸初速、气温、气压、风等)、射击校正数据(方向、高低校正等)以及基线修正(传感器对于武器的位置向量)等,在武器作用范围内确定射弹与目标在空间相遇时的坐标并计算射击诸元(或攻击要素)的过程,称为解命中问题。

假设目标在弹丸飞行时间 t_f 内做匀加速运动,火控系统的命中问题就是求式(2-63)和式(2-64)的联立解的过程。

$$\begin{cases} X_q = X_m + V_{mx}T + \dfrac{1}{2}a_{mx}T^2 + A_{cpx} \\ Y_q = Y_m + V_{my}T + \dfrac{1}{2}a_{my}T^2 + A_{cpy} \\ H_q = H_m + V_{mh}T + \dfrac{1}{2}a_{mh}T^2 + A_{cph} \\ D_q = \sqrt{X_q^2 + Y_q^2 + H_q^2} \\ T = t_f + \Delta T \end{cases} \quad (2\text{-}63)$$

$$t_f = g(D_q, H_q) \quad (2\text{-}64)$$

其中,(X_m, Y_m, H_m)为目标现在点的直角坐标,通常是求解目标运动要素得到的目标位置;V_{mx}、V_{my}、V_{mh}通常是求解目标运动要素得到的在直角坐标系下的目标速度分量;a_{mx}、a_{my}、a_{mh}通常是求解目标运动要素得到的在直角坐标系下的目标加速度分量;ΔT为解命中延迟时间,即从目标数据的采集瞬时至射击诸元的输出瞬时的时差;A_{cpx}、A_{cpy}、A_{cph}为跟踪器相对于基线的修正分量;(X_q, Y_q, H_q)为目标命中点的直角坐标;D_q为命中点斜距;$g(D_q, H_q)$是火炮射表的弹丸飞行时间逼近函数的常用形式。

将式(2-63)形式化简记为

$$S_q = f_S(t_f), \quad S = X, Y, H, D \quad (2\text{-}65)$$

2. 解命中迭代法

解命中问题式(2-64)、式(2-65)属于非线性方程,一般用迭代方法求解。在假定命中解存在而且唯一的条件下,讨论迭代求解的方法。

把弹丸飞行时间t_f简记为t,选取其初值为$t^{(0)}$,代入式(2-65),得

$$\begin{cases} H_q^{(0)} = f_H(t^{(0)}) \\ D_q^{(0)} = f_D(t^{(0)}) \end{cases} \quad (2\text{-}66)$$

将式(2-66)代入式(2-64),得

$$t^{(1)} = g(D_q^{(0)}, H_q^{(0)}) \quad (2\text{-}67)$$

再将$t^{(1)}$代入式(2-65),又得到$D_q^{(1)}$、$H_q^{(1)}$……如此继续下去,得到迭代序列:

$$t^{(0)} \to D_q^{(0)} \, \text{、} H_q^{(0)} \to t^{(1)} \to D_q^{(1)} \, \text{、} H_q^{(1)} \to t^{(2)} \, \text{、} D_q^{(2)} \, \text{、} H_q^{(2)} \to \cdots \to t^{(k)} \to D_q^{(k)} \, \text{、} H_q^{(k)} \to \cdots \quad (2\text{-}68)$$

形如式(2-68)的迭代方法称为简单迭代法。

以下迭代方法称为改进迭代法:

$$\begin{cases} \bar{t}^{(0)} \equiv t^{(0)} \\ \bar{t}^{(j)} = (\bar{t}^{(j-1)} + t^{(j)})/2, \quad j = 1, 2, 3, \cdots \end{cases} \quad (2\text{-}69)$$

于是可以得到新的迭代序列:

$$\bar{t}^{(0)} \to D_q^{(0)} \, \text{、} H_q^{(0)} \to t^{(1)} \to \bar{t}^{(1)} \to D_q^{(1)} \, \text{、} H_q^{(1)} \to t^{(2)} \to \bar{t}^{(2)} \to D_q^{(2)} \, \text{、} H_q^{(2)} \to \cdots \quad (2\text{-}70)$$

简单迭代法和改进迭代法的区别在于:前者用$t^{(j)}$代入式(2-68)求出$D_q^{(j)}$和$H_q^{(j)}$,而后者用式(2-69)中的$\bar{t}^{(j)}$代入式(2-65)求出$D_q^{(j)}$和$H_q^{(j)}$。

上述两种迭代方法的优点是公式简单,但是它们对式(2-64)、式(2-65)中的信息利用不充分,对不同的目标运动状态收敛速度不一致,更严重的缺陷是它们的收敛区域不能覆盖命中解的存在区域,特别是简单迭代法。

由于解命中式(2-64)、式(2-65)是非线性方程,因此可以用非线性方程快速迭代解法(如牛顿迭代法、弦截法、改进弦截法等)进行求解。

思考与练习

1. 火控系统中常用的坐标系有哪些?
2. 什么是射击诸元?
3. 火控解算的基本流程是什么?

第3章 光电稳定与跟踪

光电稳定与跟踪技术是陀螺稳定技术与光电子技术的综合应用技术。视频图像或瞄准线在动态环境下相对惯性空间稳定，首先需要确定某一方向的基准。当出现某一种干扰时，必须保持这些基准方向不变，而且这些基准方向可以按照控制指令进行转动。已经证明，提供惯性空间基准方向最合适的装置是陀螺仪。

3.1 概 述

随着科学技术的日新月异，陀螺稳定器不再属于纯力学范畴，而已成为集计算机、微电子、光电子现代控制与惯性技术于一体的综合应用，直到20世纪60年代末与70年代初才开始在武器中应用。20世纪80年代中后期，该项技术获得飞速发展，并已在海、陆、空、天等各军事领域获得广泛应用。

光电稳定与跟踪是密切相关的。仅依靠陀螺稳定平台实现的跟踪有两种形式：一种是人在控制回路中，即由人眼替代传感器和取差器，通过手动控制实现所谓的手动跟踪；一种是接收惯性方位指令，使瞄准线自动指向惯性方位，即所谓的惯性跟踪或地理跟踪。光电系统的自动跟踪是通过光电传感器、取差器（视频取差、激光取差）和陀螺稳定平台共同实现的。

光电稳定与跟踪技术是个广义的概念，包括瞄准线稳定、图像稳定、光学视轴稳定等。由于涉及的应用范围较广，种类较多，而国内目前还没有光电稳定与跟踪方面的专著，某些概念还没有统一的标准，因此本章只对目前应用中涉及的一些基本概念加以说明，以尽可能规范其定义。

光电稳定与跟踪系统可有以下几种分类方式：

（1）按照被稳定的对象划分，分为部件稳定与整体稳定。部件稳定是指针对光学系统光路中某一光学元件进行稳定，如对反射镜、棱镜或光楔等进行稳定；整体稳定是指将光电传感器整机直接进行稳定。目前，最为常见的是反射镜稳定（如车长镜、炮长镜等）和整体稳定（如直升机光电吊舱等）。

（2）按照光轴转动的自由度划分，分为单轴、2轴或3轴稳定；按照稳定平台万向架数量来分，分为2框架稳定、3框架稳定、4框架稳定、5框架稳定、6框架稳定。在部分文献或资料上，也常见2轴稳定、4轴稳定或6轴稳定等叫法。实际上，准确的称呼应为×轴×框架稳定，如2轴4框架稳定是指2个自由度的稳定轴和4个万向架。需要说明的是，某些资料也常将减振器的自由度作为稳定轴，称为5轴稳定或6轴稳定，实际上应是2轴3框架稳定或2轴4框架稳定。

（3）按照稳定原理划分，可分为陀螺直接稳定、动力平台稳定、伺服平台稳定、组合稳定、捷联稳定、电子图像稳定等。其定义如下：

① 陀螺直接稳定。陀螺直接稳定是指，利用陀螺高速旋转产生的陀螺反力矩抵抗外界干扰力矩，从而对与陀螺环架直接固联的光学元件等进行稳定。这种稳定方式常见于早期的光电稳定产品，以稳定光学部件等小型被稳定对象为主，稳定精度一般较低，如早期的导引头、车长镜、稳像望远镜及第一代直升机稳瞄具等。

② 动力平台稳定。动力平台稳定是早期只有框架陀螺而没有解析式陀螺（如挠性陀螺、液浮陀螺等）时，利用框架陀螺与平台伺服系统构建的陀螺稳定平台。它是在外干扰力矩作用瞬间，利用陀螺力矩抵抗干扰，随后在外力干扰的作用下，利用平台上力矩电机产生的反力矩平衡干扰的一种陀螺稳定装置。陀螺在此有两个作用：一是瞬时产生陀螺力矩；二是作为外力矩传感器。动力平台稳定目前已很少应用。

③ 伺服平台稳定。伺服平台稳定与动力平台稳定的区别在于：伺服平台所使用的陀螺不再是框架陀螺，而是解析式陀螺，如挠性陀螺、液浮陀螺、光纤陀螺、激光陀螺等。这些陀螺在受到外力扰动时不产生陀螺力矩（或产生的陀螺力矩可忽略不计，如挠性陀螺或液浮陀螺等），而是仅仅作为角度传感器或角速率传感器。在其感到平台的扰动力矩后，通过平台控制回路控制平台上的力矩电机，产生反向控制力矩，克服平台受到的干扰。伺服平台稳定是目前应用最为广泛的稳定控制方法。

④ 组合稳定。组合稳定最早在20世纪80年代初被提出。组合的目的是实现 $10\ \mu rad$ 的高精度稳定。光电稳定的负载质量跨度较大，小至几百克，大至几百千克，采用常规的伺服平台稳定方式对几百千克重的负载（如激光炮）进行稳定时会受到机械谐振频率的影响，难以实现高精度稳定；另外，也可能受到成本及部分器件技术水平的限制，使平台难以达到较高精度稳定。因此，当一种稳定方式达不到目的时，往往采用组合稳定的方式。组合稳定的方式有多种，如平台稳定与反射镜稳定组合、平台稳定与图像电子稳定组合等。需要说明的是：组合稳定不是各自独立的稳定系统的简单拼凑，而是通过伺服控制回路形成的一种复合控制技术。

⑤ 捷联稳定。捷联的概念来自惯性导航系统。1956年，美国获得了捷联惯性导航的专利。20世纪60年代初，捷联惯性导航系统首先在"阿波罗"登月舱中得到应用。"捷联"一词源自英文Strapdown，译为"捆绑"。所谓捷联惯性导航系统，是指将惯性敏感元件（如陀螺仪与加速度计）直接"捆绑"在载体上，而不是在稳定平台上。它通过计算机实现所谓的"数学平台"，从而完成制导或导航任务。在光电稳定与跟踪系统中，捷联稳定和捷联惯导不完全相同。捷联稳定的主要特征是将光电稳定平台上的陀螺从平台上去掉，利用载体上的惯性导航系统提供的载体姿态角或角速率控制光电跟踪框架，从而实现稳定。这种稳定控制方式在某些文献中被称为间接稳定"或"半捷联稳定"。事实上，光电系统中的捷联稳定，只适用于某些对精度要求不高的场合。这是因为，捷联惯性导航系统所提供的载体姿态参考角度的精度很低，目前普遍在 2 mrad 左右，而惯性敏感器件和光电传感器未安装在同一位置，感受到的振动谱也会有所区别。目前，捷联稳定在雷达系统中应用较多但在导弹的导引头系统中应用较少，这是因为导引头的光学系统视场通常较大，对稳定精度要求不高，同时不应用捷联稳定可以降低成本。在导引头研究领域，把利用弹上惯导系统作为扰动敏感器件控制光电系统万向架的稳定称为"半捷联稳定"。将光电传感器直接与弹体固联，利用电子稳像技术实现瞄准线稳定，这可能才是真正意义上的"捷联稳定"，可以大幅度降低成本。捷联稳定不能和捷联惯性导航系统相比，它受到光电系统精度、跟踪范围、光学视场、工

作模式等的限制,除自寻导弹导引头外,其他应用前景有限。

⑥ 电子图像稳定。电子图像稳定的基本原理是:根据图像序列的各种信息进行全局运动估计,在取得运动矢量参数后对图像运动予以补偿,最终得到稳定的输出序列。

图像序列的帧间运动有全局运动和局部运动两种:全局运动是指由于摄像机参数或位置变化引起的整个图像的变化;局部运动是指由拍摄对象的运动而引起的局部图像的变化。电子稳像的功能就是在有局部运动的情况下准确估计全局运动矢量。对于图像的全局运动,其形式主要表现为平移、旋转以及切变等。这3种运动造成的图像抖动,目前可以通过SIF算子、Harr滤波,以及块最相关算法等实现图像稳定。

3.2 基本组成及工作原理

如前所述,光电稳定与跟踪系统种类繁多,虽然它们的基本工作原理是相通的,但针对不同应用场合设计的系统,由不同的稳定方式和系统构成。本节对一种典型的光电稳定跟踪系统的构成进行介绍,在介绍工作原理时,重点对目前应用最为广泛的平台整体稳定和反射镜稳定两类系统进行介绍。这两种稳定方式不仅代表了目前大多数光电稳定与跟踪系统的应用,而且适用于各种车、机、舰、弹等武器平台。

3.2.1 基本组成

现代光电稳定与跟踪系统通常又称瞄准线稳定系统,简称"稳瞄系统"。稳瞄系统通常由光电转塔、控制电子箱、操控手柄、综合显示器、视频记录仪等主要部件组成。其中,光电转塔在某些应用场合也称为光电吊舱,是系统的核心部件。光电转塔内部安装的光电传感器,通常取决于所要完成的功能及系统的战术技术指标要求。对于侦察系统,通常装有电视摄像机、热像仪、激光测距机等;对于民用光电观察系统,可只装一台电视摄像机;对于制导火控系统,需要根据所用导弹的制导体制,安装相应的光电制导仪,如激光半主动制导的激光指示器、三点法制导的红外或电视测角仪、激光驾束制导的激光照射器等。另外,还可根据需要,在光电转塔内安装激光光斑跟踪器、捷联惯性导航装置和光轴准直装置等。

图 3-1 为稳瞄系统组件,包含双向稳瞄控制箱、支撑框架,光电探测器等组件。

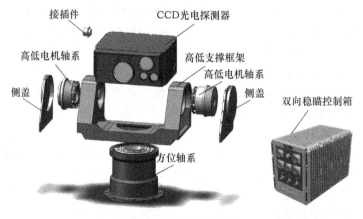

图 3-1 稳瞄系统组件

3.2.2 工作原理

1. 瞄准线稳定原理

设瞄准线单位矢量为 e_s,如图 3-2 所示。当载体分别绕各自的坐标系 x,y,z 坐标轴作俯仰、横滚及方位转动时,必须保持瞄准线 e_s 的指向不变。设 p 为载体俯仰角,γ 为载体滚转角,q 为载体方位角;并设 ε 为瞄准线相对于载体的俯仰角,β 为瞄准线相对于载体的方位角。现在可以求出在载体运动干扰下,瞄准线的运动方程。

瞄准线矢量可用单位矢量表示为

$$e_s = \cos\varepsilon \cdot \cos\beta \boldsymbol{i} + \sin\varepsilon \boldsymbol{j} + \cos\varepsilon \cdot \sin\beta \boldsymbol{k} \quad (3\text{-}1)$$

e_s 在惯性参照系中的导数可以根据哥氏定理导出,即

$$\left.\frac{\mathrm{d}(e_s)}{\mathrm{d}t}\right|_I = \left.\frac{\mathrm{d}(e_s)}{\mathrm{d}t}\right|_t + \boldsymbol{\omega} \times e_s \quad (3\text{-}2)$$

其中,I 为惯性参照系;t 为载体坐标系;$\boldsymbol{\omega}$ 为载体旋转角度矢量,即

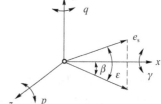

图 3-2 瞄准线稳定原理

$$\boldsymbol{\omega} = \dot{\gamma}\boldsymbol{i} + \dot{q}\boldsymbol{j} + \dot{p}\boldsymbol{k} \quad (3\text{-}3)$$

瞄准线的稳定条件,是在载体姿态变化的扰动下瞄准线相对惯性系 I 的速度为零,即

$$\left.\frac{\mathrm{d}(e_s)}{\mathrm{d}t}\right|_I = 0 \quad (3\text{-}4)$$

因此,将式(3-1)、式(3-3)代入式(3-2)的右边,并令 $\left.\dfrac{\mathrm{d}(e_s)}{\mathrm{d}t}\right|_I$ 为零,即可求得瞄准线运动方程:

$$\begin{cases} \dot{\varepsilon} = \dot{\gamma}\sin\beta - \dot{p}\cos\beta \\ \dot{\beta} = \dot{q} - \tan\varepsilon(\dot{\gamma}\cos\beta + \dot{p}\sin\beta) \end{cases} \quad (3\text{-}5)$$

将式(3-5)中的 $\dot{\varepsilon}$ 和 $\dot{\beta}$ 加入瞄准线的俯仰和方位控制系统,就可以实现瞄准线在惯性空间的稳定。

瞄准线稳定方程(3-5)适用于海、陆、空各种载体上的瞄准线稳定。但在工程实践中,应根据具体要求和实际环境条件作必要的假定和简化。

2. 反射镜稳定原理

反射镜稳定在潜望式稳瞄系统中最为常见,如车长与炮长指挥镜等。反射镜稳定方式在早期直升机稳瞄系统中也有应用,如目前国内仍在使用的法国"小羚羊"武装直升机,以及国内第一代的直九武稳瞄装置等,这些都是国外 20 世纪 70 年代左右的产品。

反射镜稳定将平面反射镜作为稳定元件。其常见的控制方式为陀螺直接稳定反射镜和平台稳定反射镜。

1) 陀螺直接稳定反射镜

图 3-3 为陀螺直接稳定反射镜原理图。陀螺系统由陀螺外环、陀螺内环、陀螺转子、反射镜、力矩器、2:1 传动机构等组成。如果去掉反射镜及其安装轴,余下的就是一个标准的双自由度陀螺。陀螺转子在电机驱动下高速旋转,与相互垂直的陀螺内环、陀螺外环形成陀螺体。

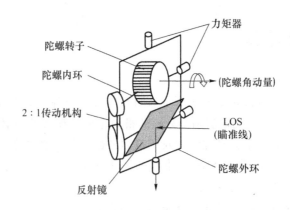

图 3-3 陀螺直接稳定反射镜原理图

这种稳定方式利用陀螺的定轴性与进动性实现瞄准线的稳定与跟踪。众所周知,二自由度陀螺仪具有抵抗外力矩而保持其自转轴相对惯性空间稳定的特性。当陀螺仪受到外力矩干扰时,陀螺绕与外力矩作用方向相垂直的方向转动,这是陀螺的进动特性。反射镜稳定正是利用陀螺的稳定性实现瞄准线的稳定、利用陀螺的进动性实现瞄准线的跟踪的。当需要操纵瞄准线对目标进行跟踪时,对陀螺相应轴上的力矩器施加跟踪指令信号,则陀螺在外力矩作用下开始进动,带动反射镜绕内环(俯仰)轴或外环(方位)轴转动。由于反射镜通过 2∶1 传动机构与陀螺内环轴平行安装和固联,因此,当陀螺俯仰轴(内环)转动 θ 角时,反射镜转动 $\theta/2$ 角;根据光学反射原理,反射镜转动 $\theta/2$ 角,则瞄准线转动 θ 角,因此瞄准线转动的角度始终与陀螺自转轴转动的角度一致。

这种稳定方式的稳定性表现为:在干扰力矩作用下,陀螺以进动形式缓慢地漂移。在冲击力矩作用下,陀螺以章动形式做微幅振荡。根据陀螺仪动力学分析可知,陀螺仪角动量越大,章动振幅越小,陀螺的稳定性越高。同时,无论是摩擦力矩还是不平衡力矩引起的陀螺漂移,都与陀螺的角动量 H 成反比。陀螺漂移可表示为

$$\omega_f = \frac{M_F}{H} \tag{3-6}$$

其中,M_F 为作用在陀螺仪上的干扰力矩。

从式(3-6)可以看出,适当增加角动量 H,对减少漂移有明显效果。但是,过多增加角动量可能导致陀螺转子的质量增加,从而造成陀螺轴上的摩擦力矩与不平衡力矩也相应增加。这样,增加角动量取得的效果很大程度上被干扰力矩的增加所抵消。

采用这种二自由度框架陀螺稳定反射镜,不需要伺服控制回路,系统简单,成本低,可靠性好。但由于框架陀螺自身的精度较低,摩擦力矩较大,而且为提高系统的稳定性而对角动量 H 的增加是有限的,因此系统的精度难以达到很高。

采用这种稳定原理的有法国的 APXM397 和英国的 AF00 系列的机载稳瞄具。

2) 平台稳定反射镜

平台稳定反射镜原理图如图 3-4 所示。这种稳定方式与前述稳定方式的主要区别是:干扰力矩不依靠陀螺力矩来平衡,而通过高精度微型陀螺(如挠性陀螺、液浮陀螺、光纤陀螺等)及伺服稳定控制回路实现反射镜或瞄准线稳定。在这种稳定方式中,陀螺只起敏感干扰力矩的作用,而陀螺的反作用力矩可以忽略不计。

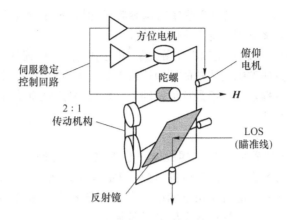

图 3-4 平台稳定反射镜原理图

当作用在平台上的干扰力矩引起平台绕平台轴转动时,其角速率被装于平台上的速率陀螺所感受,陀螺输出角速率信号。角速率信号经放大、校正、滤波后送到平台轴上的力矩电机,产生与干扰力矩大小相等、方向相反的稳定控制力矩,使平台(反射镜)保持稳定。进行搜索与跟踪时,对平台力矩电机直接施加控制指令,平台带动反射镜(瞄准线)进行运动,此时陀螺敏感平台转动角速率与控制指令共同构成速率反馈控制回路,达到既稳定又跟踪的目的。

需要说明的是,平台稳定反射镜中所采用的陀螺可以是速率陀螺,也可以是速率积分陀螺(位置陀螺)。两种陀螺的控制回路原理如图 3-5 所示,其中 G_1 为陀螺传递函数。目前,使用较多的是速率陀螺。

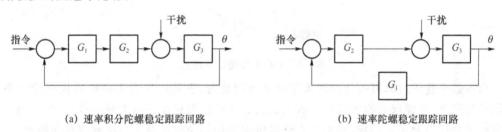

(a) 速率积分陀螺稳定跟踪回路　　　　　(b) 速率陀螺稳定跟踪回路

图 3-5 两种陀螺控制回路原理

以上简要叙述了两种反射镜稳定方式的基本原理。实际上,反射镜稳定并不局限于这两种方式,如动力平台式稳定、捷联稳定等也都在实际工程中应用。对于反射镜稳定方式,有几点是需要特别说明的。

(1) 反射镜稳定方式比较适用于单一光路和小口径的光学传感器系统,否则反射镜可能会因尺寸过大而变形。近年来,反射镜制作技术得到较大发展,大尺寸反射镜制作工艺已达到较高水平。但对于多光谱、多传感器应用,采用反射镜稳定会使光学系统设计难度增大。

(2) 2∶1 传动机构是反射镜稳定系统中的技术难点。目前,2∶1 传动机构主要有两种实现方式,即连杆机构和钢带。连杆机构易于实现、无弹性形变,但其体积较大,并且有滑动间隙;钢带质量轻、体积小,但易产生弹性形变,并且需考虑钢带的松动。无论是哪种机构,都会给整个控制回路带来较低频率的机械谐振,使系统的动态刚度上不去,甚至使系统失稳。采用 2∶1 传动机构时,瞄准线的稳态误差和平台的稳态误差是相等的。如果不考虑 2∶1 传动机构,而是将陀螺直接安装在反射镜轴上,那么瞄准线的俯仰稳态误差将增加一倍,方位稳定误差也会相应增加。

（3）反射镜在方位转动过程中会造成图像旋转，这是反射镜稳定系统中特有的现象，可利用施密特-别汉棱镜或图像处理消除图像旋转。

（4）反射镜安装轴与陀螺安装轴在实际工程应用中应注意匹配性。通常，陀螺自转轴须与瞄准线一致，同时尽量使陀螺安装轴的转动惯量大于反射镜安装轴的转动惯量。因此，应将电机、解算器等安装在陀螺轴上而不是反射镜轴上，这也是采用轻质反射镜的主要原因。

3．平台整体稳定原理

1）工作原理

直接将各种光电传感器安放在陀螺稳定平台上进行稳定的方式，称为平台整体稳定。它是随着视频与显示技术的发展而产生的，这种稳定方式目前已在海、陆、空等各个领域获得广泛应用。随着未来无人炮塔军用车辆以及车辆桅杆式光电系统的技术发展，目前也有越来越多的整体稳定式光电系统进入车辆应用领域。

平台整体稳定原理图如图3-6所示。与平台稳定反射镜唯一的区别是，平台整体稳定中平台稳定的是传感器而非反射镜。

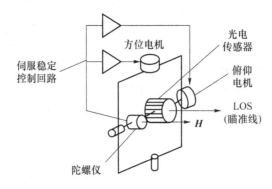

图 3-6 平台整体稳定原理图

当外部干扰通过摩擦或几何约束带动平台运动时，安装在平台上的陀螺仪感受到平台的运动角速率，陀螺仪的输出信号经放大、校正、滤波后被送至平台力矩电机，产生反向控制力矩使平台保持稳定。同理，对平台力矩电机施加控制指令可使平台实现跟踪与搜索。

从原理上讲，平台整体稳定对于采用任何一种稳定方式的平台都适用。由于目前大多数整体稳定采用伺服控制的陀螺稳定平台，因此本节对于动力型陀螺稳定平台不再赘述。

2）平台结构形式

光电稳定与跟踪平台的基本原理如前所述。尽管原理相同，但实际工程中平台结构却因应用不同而各异。仅根据稳定平台外形分类，就有球形、鼓形或圆柱形等多种结构形式，如图3-7所示。

（a）球形结构　　　　　　（b）鼓形结构　　　　　　（c）圆柱形结构

图 3-7 各种稳定平台的外形结构形式

根据平台控制的万向架数量分类,常用的稳定平台有2轴2框架稳定平台、2轴3框架稳定平台和2轴4框架稳定平台。增加万向架的数量,其目的是提高稳定平台的精度;而稳定轴的多少(2轴或3轴)主要根据实际应用需要决定。对绝大多数稳定跟踪系统而言,稳定方位轴和俯仰轴数量已经足够,因为横滚轴的扰动是沿着瞄准线方向转动的,一般不会影响瞄准精度。需要注意的是,在电视图像摄录、航拍、侦察等特殊情况下,通常需要对横滚图像进行稳定。图3-8为几种典型的多轴多框架稳定平台构成。

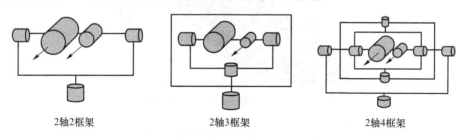

图 3-8　几种典型的多轴多框架稳定平台构成

平台的框架数量越多,质量和体积越大,成本越高。因此,决定采用哪种结构形式时,要综合考虑性价比。对于对稳定精度要求不高(如毫弧级稳定精度)的稳定,通常采用2轴2框架平台;对于微弧级稳定精度的稳定,通常采用2轴3框架平台或2轴4框架平台;对于超高精度(如小于10 μrad的稳定精度)的稳定,采用粗精组合稳定是一种较好的技术途径。

实际工程中,稳定平台的设计需要考虑很多因素,如瞄准线稳定精度、运动范围、运动速度和加速度,光电传感器的尺寸、种类、安装、融合、精度要求,载体振动环境和使用环境,各方向的平衡性线缆走向与柔性,转动惯量和惯性积,各轴准直性,谐振频率与刚度,减振方式,轴承预紧与摩擦,气动外形,材料与减重,传动方式(直接驱动、齿轮、钢带),散热,密封及维修等。

4. 组合稳定基本原理

粗精组合二级稳定基本原理如图3-9所示,其控制原理如图3-10所示。它是由一块反射镜组件机械安装到2轴稳定的平台上构成的。瞄准线通过反射镜进入光电传感器。2轴陀螺稳定平台的基本原理和一般稳定没有任何区别。精稳反射镜组件是其关键部件,瞄准线的稳定精度主要取决于精稳组件的品质。精稳反射镜组件的支承可以是普通的万向架、挠性扭杆、球轴承、压电陶瓷等。精稳反射镜上安装着力矩器、角位置传感器。力矩器用于对反射镜施加控制力矩,使其绕两个赤道轴转动;角位置传感器用于敏感反射镜相对平台的角偏移,并进行位置反馈。反射镜组件的两个赤道轴应与平台的两个转动轴平行。平台上的陀螺仪将感受到的扰动同时输出到平台电机和反射镜力矩器。由于精稳反射镜组件的伺服带宽可以达到几百赫兹甚至上千赫兹,远大于平台带宽,因此平台的剩余误差可以由反射镜组件消除。

指令跟踪时,指令信号同时加到粗稳平台和精稳反射镜上。由精稳反射镜组件上的角位置传感器感受二者之间的角度差,并构成精稳反馈控制回路,以消除粗、精平台之间的偏差,使二者达到同步。

需要说明的是,将3.2.2节所述反射镜陀螺稳定平台与常规的陀螺稳定平台这两套完全独立的系统进行简单叠加,虽然也可使稳定精度获得一定提高,但与上述用一个陀螺通过多回路控制实现的粗精组合二级稳定相比,在成本、体积和精度上,后者都要优良得多。

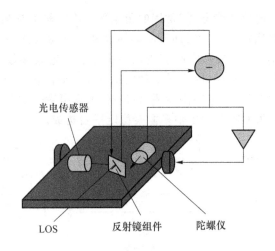

图 3-9 粗精组合二级稳定基本原理

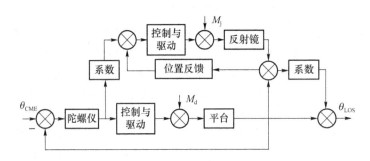

图 3-10 粗精组合二级稳定控制原理

5. 自动跟踪基本原理

1) 基本框架

自动跟踪技术不管是在军用上还是在民用上,都有广泛的用途。如弹道导弹的防御系统、空中预警系统、卫星监控系统、导弹的制导系统、陆地和海上的交通管理系统等,均以自动跟踪系统为重要的组成部分。从火控系统控制功能的角度看,可以称跟踪线、瞄准线和火炮轴线为火控系统的控制主线,如图 3-11 所示。各种扰动式火控系统的共同特点是瞄准线从动于火炮轴线;当光电技术和微电子技术发展到可实现瞄准线的独立稳定时,就会出现指挥仪式(稳像式)火控系统,它实际上是在火炮控制系统的前端设置了一个瞄准线的控制系统;然后当计算机图像技术发展到可在瞄准线的前端设置一个跟踪线的控制系统时,就形成了目标自动跟踪火控系统。

目标自动跟踪以对目标运动图像的分析为基础,目前以 20 ms(或 40 ms)为周期可随时探测出目标的位置及运动参数等信息,并以这些信息为基础对瞄准线进行控制,从而实现瞄准线对目标的自动跟踪。

图 3-12 为目标自动跟踪火控系统示意图。它的主要组成部件有图像传感器和目标自动跟踪器等。在这一系统中,当炮手操纵手控装置使瞄准镜中一定大小的捕获窗口套住目标时(自动锁定工况),或直接用瞄准标记对准目标(人工锁定工况)时,即可按动手控装置上的锁定按钮,启动目标自动跟踪器进入自动跟踪工作状态。

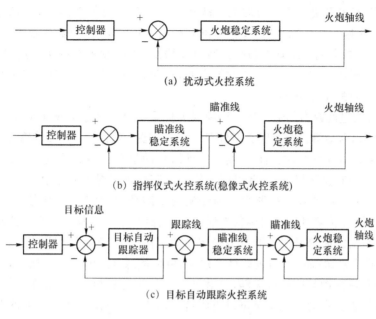

图 3-11　火控系统的控制主线

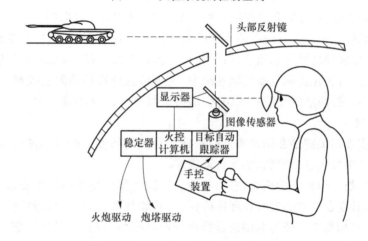

图 3-12　目标自动跟踪火控系统示意图

在车辆火控系统中,可作为目标自动跟踪的技术方案有采用电视和热成像传感器的视频跟踪、毫米波雷达跟踪以及激光雷达跟踪等,其中视频跟踪方案最为成熟。所谓视频跟踪,是指利用可见光的图像传感器(电视摄像机)或热成像传感器获取目标视频图像信号,进行图像跟踪。在白天,可根据目标图像的可见特征跟踪;在夜间或能见度差时,可利用热成像传感器,根据目标的热特性进行跟踪。由视频传感器形成的自动跟踪器称为视频自动跟踪器(Video Automatic Target Tracker,VATT)。VATT 的跟踪过程是:装在瞄准镜内的图像传感器或热成像传感器将获取的目标可见特征或热特征的图像信号,或直接进行视频信号的处理,或送入计算机进行图像处理和分析,从场景图像中识别出目标,并在用卡尔曼滤波确定出跟踪线的位置后,计算出瞄准线与跟踪线之间的偏差,自动控制瞄准线对准目标,实现自动跟踪;同时,将图像信号送入显示器,供车长和炮手观察和作出必要的判断。

与人工操作射击模式相比,自动跟踪射击模式具有以下优点。

(1) 可大大缩短系统射击反应时间。战车在原地和行进间对运动目标射击,射击前要进行瞄准、跟踪测速。人工操作时,要获取准确的目标运动速度,所需的跟踪时间长;而自动跟踪火控系统,依靠自动跟踪器对目标进行自动跟踪,跟踪过程与测量运动参数的时间短,因而可缩短系统射击反应时间。试验数据表明,自动跟踪火控系统捕捉、瞄准目标的时间分别仅为人工跟踪时的 1/5 至 1/10。

(2) 可提高行进间射击的命中率。稳像式火控系统虽然稳定了瞄准线,但战车行进间的车体振动和人为因素会给目标速度的测量带来一定误差。而目标自动跟踪系统在图像跟踪过程中自动测定目标运动速度,或是在已实现自动跟踪的情况下通过速度传感器进行测量,跟踪精度比人工跟踪时显著提高,因此可明显提高战车行进间射击的命中率。

(3) 可提高战车的持续作战能力。由于实现了瞄准和跟踪的自动化,因此在自动跟踪期间,炮手无需执行往常对运动目标射击时的复杂操纵程序,只需监视自动跟踪器屏幕上显示的工作情况和实施简单操作。既可减轻炮手的工作负担,又可提高战车持续作战的能力。

(4) 可实现自动跟踪技术与机动目标建模、目标信息处理的综合。通常,火控系统对目标的运动假设是目标做匀速直线运动,但对于实际战场的目标,由于机动性能的不断提高,这种模型极不精确。自动跟踪系统可以克服这一缺点,有望在各种射击条件下大幅度提高系统的射击命中率,使火控系统的战术技术指标得到质的飞跃。人们之所以要将自动跟踪技术与机动目标建模、目标信息处理结合在一起讨论,是因为自动跟踪技术的成熟已为机动目标建模和目标信息处理在系统中的实现提供了可能。这是因为:①在自动跟踪目标的同时,可以获得大量准确的目标原始信息;②在目标自动跟踪系统中,很容易扩展出高速的大信息量的处理能力;③在目标自动跟踪系统中,实现信息处理后的附加控制也最容易,这时的控制对象只不过是瞄准线或跟踪线,它们的质量都很小,不容易受干扰。

2) 技术途径

自动跟踪实现的关键是在图像采集的基础上对战场环境中的目标进行自动识别,然后才能对跟踪线或瞄准线进行控制,实现自动跟踪。

"目标识别"是一个泛化的概念,它的具体含义随具体环境下的需求变动。在火控系统中,目标识别的难度在于它的实时性和准确性,虽然该技术尚未完全成熟,但在某些简单的战术环境中,以目标简单特征为基础的目标识别已经开始应用,并具有一定的效果。例如:在有限的视场范围内,以目标形体特征为基础的目标自动锁定。

如图 3-13 所示,目标识别是与目标探测相联系的,在各种探测技术探测到目标的某种信号后,对信号进行识别,判断其属于哪类目标,其中涉及目标信号特征的提取和目标识别技术。

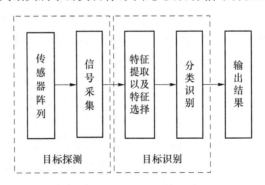

图 3-13 目标探测和目标识别流程

特征一般分为三类：物理的、结构的和数学的。人们通常利用物理特征和结构特征来识别对象，因为这样的特征容易被传感器测量。特征提取和选择是目标识别技术中最关键的环节。一般的识别方法有三种：第一种方法要求目标信号的特征非常明显，它实质上是特征识别问题，例如目标的形态特征和其他物理特征；第二种方法对于目标信号的特征并不明显，只能根据一般原则考虑特征提取，这种特征提取方法比较简单，例如把待识别目标信号在不同频带内的分量作为它的特征信号，在实际应用中效果比较显著；第三种方法是近些年才提出的识别方法——基于卷积神经网络和大量目标图像库的识别。

3) 工作原理

(1) 图像输入通道

为了将目标的图像信号正确无误地送入计算机，需要高质量的图像输入通道。图像有彩色图像与黑白图像之分。对于彩色图像，一般是先通过滤光镜将其分离成红、绿、蓝三原色，再分别经对应输入通道送入计算机。图 3-14 所示为目标图像输入通道的原理框图。

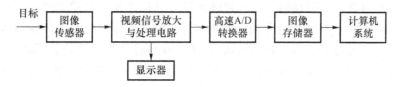

图 3-14 目标图像输入通道的原理框图

图像输入部件是目标自动跟踪器的关键部件。由图 3-14 可知，目标图像的输入通道由图像传感器、视频信号放大与处理电路、高速 A/D 转换器和计算机系统（含图像存储器）等四部分组成。各部分的功能简述如下。

① 图像传感器。它可以是可见光的电视摄像机，也可以是热成像系统的红外摄像仪。其功能如下：光电变换功能是把目标的入射光强或红外辐射变换成电信号；存储功能是把光电变换产生的电荷以二维平面的模式存储起来；扫描功能是将存储的电荷按顺序以时间函数的形式取出。可以用作图像传感器的电视摄像机的种类较多，而普遍受到人们重视的是以 CCD 为基础的光电、红外图像传感器件。CCD 本质上是一种 MOS 集成电路，它具有体积小、光电变换速度快、图像定位精度高、功耗低、可靠性高等优点，已在许多领域得到应用。

② 视频信号放大与处理电路。它由放大器、模拟滤波器等电路组成。从图像传感器得到的模拟图像信号不满足高速 A/D 转换器输入电平的要求，需要进行前置放大，使之放大到高速 A/D 转换器所需要的电压值。其中，模拟滤波器用于消除图像信号中含有的高频噪声。

③ 高速 A/D 转换器。它被用于将处理过的模拟图像信号转换为数字信号。经过这种转换，模拟图像转变成数字图像。对图像信号进行 A/D 转换，必须用高速 A/D 转换器。例如，对于电视摄像机传感器来说，若每行有 512 个采样点，而电视信号行扫描时间为 52 μs，则对一个采样点进行 A/D 转换所允许的转换时间只有 0.1 μs。

④ 计算机系统。该系统由图像存储器及计算机系统组成。由于计算机主存储器的存取时间比高速 A/D 转换器的转换时间长，因此图像信息难以直接写入主存储器。为此，要在高速 A/D 转换器与主存储器之间设置缓冲寄存器，称为图像存储器。将数字图像信息传送到计算机系统的主存储器，即最终完成了一次图像信号的输入过程，此后，计算机系统便可对它进行需要的处理与分析了。

(2) 电子窗口

在目标图像跟踪技术中,监视器屏幕上通常显示一个"电子窗口"。设置电子窗口是为了摒除电子窗口之外的一切景物信号及背景干扰,以达到有利于识别目标的目的。

炮手操作操纵台搜索目标,在从瞄准镜或视频监视器上发现目标后,将目标控制到电子窗口内,在按下锁定按钮后,系统将根据目标图像与背景灰度的差异识别目标,并设定一个紧靠目标的最小矩形框(称为"模板"或"样本图像")将目标包住。之后,系统将"样本图像"移到某一坐标已知的位置〔例如,电子窗口的左上角,坐标为(0,0)〕,用"样本图像"信息进行水平、垂直扫描,并进行相关计算,当屏幕中某位置的信息与"样本图像"相同(样本图像与子图像相关函数值最大的位置)时,那么该位置为目标在现场图像中的位置。根据该位置与"样本图像"放置的位置可判出目标的位置,该位置即为跟踪线位置。此后,系统用瞄准线与跟踪线在水平与垂直方向的位置差 Δx 和 Δy 控制瞄准线,使其向跟踪线靠拢,实现对目标的自动跟踪。这种跟踪方法在理论上称为"相关跟踪"。

在自动跟踪过程中,若目标在运动,则瞄准线与目标之间会有相应的偏移,不断产生新的瞄准线与跟踪线在水平与垂直方向的位置差 Δx 和 Δy,伺服机构亦将控制瞄准线,使瞄准线不断向目标中心方向移动。目标运动时,瞄准线与目标之间的偏差反映了自动跟踪系统的跟踪精度。跟踪精度随目标速度的变化而改变,只有在垂直和水平两个方向上,跟踪偏差都小于某值,在瞄准线进入"跟踪门"后,系统才输出跟踪允许射击信号。"跟踪门"的边长通常为 $0.1 \sim 0.2 \text{ mil}(2.54 \sim 5.08 \text{ }\mu\text{m})$。

值得一提的是,某些简易的自动跟踪系统的跟踪过程为:炮手瞄准目标并测距,将测距指令作为自动跟踪系统的启动信号,根据目标距离确定目标体形尺寸,在这一范围内进行图像处理,找出目标轮廓,划分区域作为模板;下一场图像分区与模板匹配,求出位移量驱动瞄准线跟踪目标。这种算法逻辑清晰,结构简单,成本低。

3.2.3 主要技术参数

不同武器平台的光电稳定跟踪系统的技术参数要求会各有差异。本节介绍的是具有共性的一些技术指标,目的是提升读者对光电稳定与跟踪系统的技术要求的理解。

表 3-1 所示为稳定跟踪系统技术参数与注释,其中可靠性、维修性、测试性以及物理性技术指标等未列入。现实中具体系统的技术参数将根据不同的应用有所裁减。

表 3-1 稳定跟踪系统技术参数与注释

指标名称	指标注释
瞄准线稳定精度	在载体扰动环境下,稳瞄平台对瞄准线惯性稳定后的剩余稳态角度误差,通常按 1σ 均方根值定义,单位为 mrad
瞄准线最大转动范围	瞄准线相对载体坐标系的最大转动角度,单位为"°"
瞄准线最大转动速度	瞄准线相对载体坐标系的最大转动角速度,单位为(°)/s
瞄准线最大转动加速度	瞄准线相对载体坐标系的最大转动角加速度,单位为(°)/s^2
平稳跟踪角速度	瞄准线相对载体坐标系平稳跟踪目标的角速度,单位为(°)/s
瞄准线漂移角速度	瞄准线相对惯性坐标系随机游走的角速度,通常由补偿后的陀螺随机漂移引起,单位为(°)/h

续表

指标名称	指标注释
位置精度	系统响应指令转动,并在达到稳态后与指令之间存在的位置误差,有统计值或最大值之分,单位为 mrad
零位锁定精度	平台与载体坐标系锁定后,瞄准线与载体机械零位之间的剩余误差,单位为 mrad
瞄准线角度输出精度	瞄准线相对载体坐标系转动角度的输出误差。与轴角输出误差有区别,它应包含振动、机械变形、轴正交性等因素,也被称为角报告精度,单位为 mrad
最小跟踪目标尺寸	视频跟踪器能够稳定跟踪的目标最小像元数,单位为像素
跟踪误差	视频跟踪器与伺服系统形成闭环跟踪后,瞄准线与目标跟踪点之间的误差,单位为像素
跟踪目标最大速度	视频跟踪器与伺服系统形成闭环跟踪后,在不同视场所能跟踪目标的最大角速度,单位为视场/s
探测距离	用传感器观察目标时,通过统计,在显示器上发现存在目标的最大距离,单位为 km
识别距离	用传感器观察目标时,通过统计,在显示器上识别目标外形的最大距离,单位为 km
光学视场	指传感器的光学视场,单位为"°"
光轴准直误差	光电传感器某视场与另一传感器某视场之间的光轴在校准后的剩余误差,或同一传感器各视场之间的光轴平行误差,单位为 mrad
工作模式	手动跟踪、自动跟踪、地理跟踪、随动、锁定、扫描、收藏等为常见工作模式

3.3 典型无人车光电稳定与跟踪系统

典型无人车光电稳定与跟踪系统通常集成可见光摄像机、红外热像仪、激光测距机等光电探测器组件,用于获取无人系统载荷平台战场信息。

3.3.1 组成

光电稳定与跟踪系统包括周视搜索光电转台、光电转台控制箱和相关电缆等,组成结构图如图 3-15 所示。

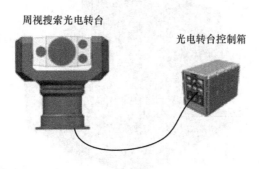

图 3-15 组成结构图

1. 周视搜索光电转台

周视搜索光电转台（下称光电转台）由光电探测器和两轴转台组成，如图 3-16 所示。光电探测器由可见光摄像机、红外热像仪、激光测距机、陀螺仪（壳体内部）和壳体等组成。两轴转台由高低组件和方位组件组成，而高低锁定机构、方位锁定机构和高低限位机构等内嵌在高低组件和方位组件中。

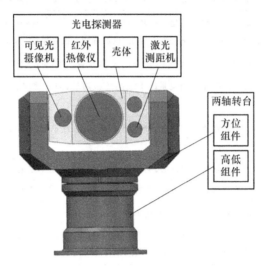

图 3-16 光电转台组成图

2. 光电转台控制箱

光电转台控制箱由电源板、电机驱动板、主控板、母板、前面板和箱体等组成。其中，前面板上安装有四个 XCE 型插头；箱体部分主要包括上盖板、下盖板、控制箱体、前面板和四个橡胶减震器，盖板、前面板与控制箱体之间通过导电密封条和导电硅脂实现观瞄控制箱的密封和电磁兼容。光电转台控制箱组成图如图 3-17 所示。

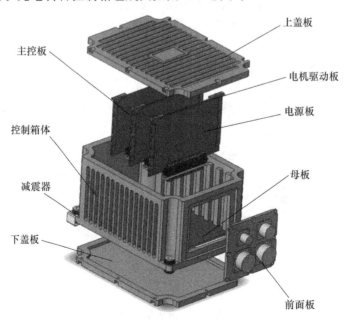

图 3-17 光电转台控制箱组成图

3.3.2 工作原理

光电稳定与跟踪系统中通常有自主搜索、半自主搜索、自动跟踪、半自动跟踪模式和随动模式等功能和模式。周视观瞄测组件以陀螺为惯性传感元件,将输出作为反馈,实现速度稳定闭环控制,用于克服载体扰动。自主搜索模式下,周视观瞄测组件接收预设指令,实现对目标的自主搜索;半自主搜索模式下,周视观瞄测组件接收远程搜索操控指令,实现对目标的搜索;自动跟踪模式下,周视观瞄测组件接收目标锁定命令,以视频跟踪器输出的方位、高低脱靶量信号为反馈构成跟踪闭环控制,实现对目标的自动跟踪;半自动跟踪模式下,人在回路,周视观瞄测组件接收远程半自动跟踪操控指令,实现对目标的跟踪;随动模式下,周视观瞄测组件以给定的方位和高低角为输入量,以方位和高低旋变输出为反馈,构成位置闭环控制。

1. 信息流程

光电稳定与跟踪系统由周视观瞄测组件实时采集监视区域内的可疑目标(人或车辆);采集到的图像由信息处理分系统进行处理;信息处理分系统对光电稳定与跟踪系统进行上电管理,并向周视搜索光电转台输出运动控制指令;光电转台控制箱向武器伺服控制系统输出武器调转指令,使得武器伺服控制系统的转台进行随动控制。光电稳定与跟踪系统的信息流程如图 3-18 所示。

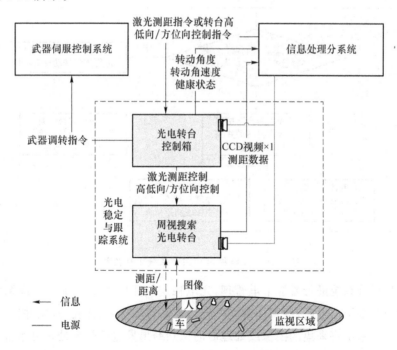

图 3-18　光电稳定与跟踪系统的信息流程

(1) 周视搜索光电转台通过激光测距机测距并获取目标距离信息;

(2) 周视搜索光电转台将实时采集的 1 路 CCD 视频和测距数据输出至信息处理分系统;

(3) 光电转台控制箱根据信息处理分系统传送来的转台高低向/方位向控制指令或激光测距指令,控制光电转台高低向/方位向运动或控制激光测距机测距;光电转台控制箱向武器伺服控制系统发送武器调转指令,如调节转台方位/高低角度;光电转台控制箱向信息处理分系统发送控制系统的实时状态信息,如转台方位/高低实时转动角度、实时转动角速度和实时健康状态;

(4) 信息处理分系统对光电稳定与跟踪系统进行智能配电管理。

2. 工作流程

光电稳定与跟踪系统工作流程如图 3-19 所示。

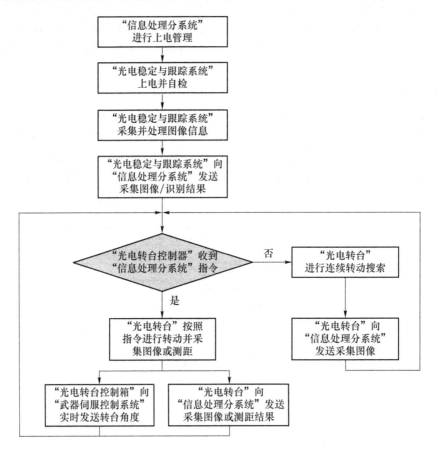

图 3-19 光电稳定与跟踪系统工作流程

由信息处理分系统进行智能上电管理,光电稳定与跟踪系统开始工作或结束工作。在光电稳定与跟踪系统上电后,周视搜索光电转台连续转动搜索、探测、采集并进行目标检测。光电稳定与跟踪系统将采集的图像或处理后的识别结果发送至信息处理分系统。周视观瞄测组件由信息处理分系统进行准确导引并采集图像,然后由信息处理分系统对此图像中的目标进行识别。

思考与练习

1. 光电稳定与跟踪系统一般可分为哪几类？
2. 光电稳定与跟踪系统的基本组成有哪些？
3. 典型无人车光电稳定与跟踪系统的工作原理是什么？

第4章 武器随动控制

与武器机械部分相比,随动系统出现得较晚,它是随着电的应用而发展起来的。1934年,伺服机械(servo mechanism)这个词第一次出现。最早用来驱动武器的液压传动装置只起减轻炮手体力消耗和提高运行速度的作用,并不具有闭环自动控制的功能。直到第二次世界大战后期才出现用来控制武器实现自动瞄准的随动系统。随着电子技术、微电机技术、电力拖动技术、液压传动技术、电力电子技术、计算机技术的发展,经典控制理论的完善和现代控制理论的发展,随动系统在理论上、技术上和性能上都得到了迅速的发展。

我国从20世纪60年代后期开始研制武器随动系统;20世纪80年代开始第二代武器随动系统的研制;在研制第二代武器随动系统的同时,还开展了可控硅直流随动系统、直流脉宽调制随动系统和数字控制随动系统的研究工作;20世纪90年代开始进行数字交流随动系统的研制工作。目前,我国武器随动系统从技术水平和性能指标方面都已进入了世界武器随动系统的先进行列。

4.1 系统分类

1. 按功能分类

武器随动系统按其功能可分为方位随动系统、高低随动系统、耳轴稳定系统、引信测合随动系统等。随着武器智能化、自动化程度的不断提高,预计还会有一些新功能的随动系统出现。

2. 按功率分类

按执行马达的额定功率可将武器随动系统分为小功率随动系统、中功率随动系统和大功率随动系统三类,但划分的界限并不十分明确,并随着技术水平的发展而变化。通常将200 W以下的随动系统称为小功率随动系统,如引信测合随动系统;将200 W到十几千瓦的随动系统称为中功率随动系统,中/小口径武器瞄准随动系统大多在此范围之内;将20 kW以上的随动系统称为大功率随动系统,现代的大口径武器瞄准随动系统通常属于大功率随动系统。目前,武器随动系统执行电机的额定功率最大已超过50 kW。

3. 按物理特性分类

按物理特性分类的武器随动系统如图4-1所示。

4. 按控制原理分类

按控制原理可将武器随动系统分为误差控制系统和复合控制系统两类。与误差控制系统相比,复合控制系统动态性能更好,所以目前使用的武器随动系统均为复合控制系统。

第 4 章 武器随动控制

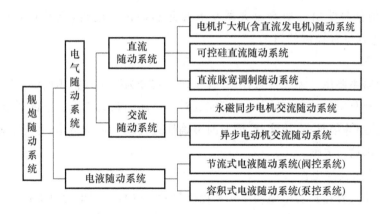

图 4-1　按物理特性分类的武器随动系统

5. 按信号传递和变换方式分类

按信号传递和变换方式可将武器随动系统分为模拟控制随动系统和数字控制随动系统两类。如果系统中各处的信号均为模拟量,则称为模拟控制随动系统;如果系统中有一处或几处信号是不连续的数码,则称为数字控制随动系统。早期的武器随动系统均为模拟控制随动系统,而近期研制和装备的武器随动系统均为数字控制随动系统。

4.2　基本控制原理

武器随动系统主要用于解决对象的位置控制问题,根本任务是实现执行机构对位置指令的准确跟踪,系统的输出量或被控制量一般是负载(或被控对象)的空间位移,当给定量(位置指令)变化时,系统的输出量能够跟踪给定量的变化。

电气随动系统的结构组成如图 4-2 所示,主要由位置控制器、功率放大器及电源、执行电机和位置传感器等组成。

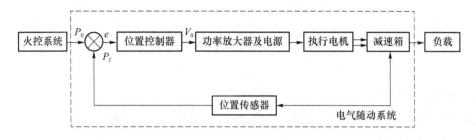

图 4-2　电气随动系统的结构组成

典型的电气随动系统的基本工作原理:由位置控制器接收火控系统发送的位置 P_0 及由(炮位)位置传感器发送的炮位信号 P_f,比较得出位置误差信号 e,再将位置误差信号与给定的前馈信号一起通过位置控制器计算处理得到速度控制信号,并将速度控制信号传给速度控制器;将速度指令和速度反馈信号在速度控制器的输入端进行比较,经过速度控制算法计算产生指令电流信号;然后由电流控制器计算指令电流与反馈电流之间的差值,将该差值信号输出到功率放大器及电源并驱动执行电机,驱动负载使位置误差趋近于 0,从而达到位置控制的目的。

(1) 位置控制器

位置控制器主要用于完成位置控制,其工作方式分为数字和模拟两种。其中,数字位置控制器除能实现复杂的控制策略外,还可完成对整个随动系统工作状态的监测功能,显示负载当前位置、误差等信号;在故障时,能及时准确地进行故障定位指示,并能采取相应的保护措施;同时,调试简单方便。

(2) 功率放大器与电源

功率放大器主要包括功率驱动单元和控制单元,其中,控制单元负责接收位置控制器的控制指令,完成速度、电流控制;功率驱动单元经过功率变换器进行功率转换,驱动执行电机工作。例如,交流随动系统的功率驱动单元采用三相全桥不控整流、三相正弦 PWM 电压型逆变器变频的 AC-DC-AC 结构。电源负责给功率放大器提供必需的交流、直流电源,为避免上电时出现过大的瞬时电流以及电机制动时产生很高的泵生电压,设有软启动电路和能耗泄放电路;逆变部分采用集驱动电路、保护电路和功率开关于一体的智能功率模块(Intelligent Power Module,IPM),开关频率可达 20 kHz。

(3) 执行电机

随动系统的执行电机根据驱动信号的不同可分为直流电机和交流电机,其中交流电机又分为交流永磁同步电机和异步电机。根据控制方式的不同,交流永磁同步电机可分为矩形波驱动的交流永磁同步电机和正弦波驱动的交流永磁同步电机。

(4) 位置传感器

位置传感器主要负责检测负载装置的当前位置。模拟控制随动系统通常采用粗精组合的自整角机或旋转变压器作为位置传感器;数字随动系统大多通过将自整角机或旋转变压器的模拟信号用自整角机数字转换器或旋转变压器数字转换器转换成数字位置信号,也可使用光电编码器获得位置编码。

4.3 主要技术指标

1. 战斗准备时间

战斗准备时间指随动系统接到指令到开始正常工作所经历的时间。

2. 系统调转指标

随动系统调转指标一般包括在指定调转角度下的调转时间、半振荡次数、超调量等。典型的系统调转位置误差曲线图如图 4-3 所示。调转时间指随动系统在饱和状态下以最大调转速度带动负载从当前位置运行规定角度,且位置误差小于系统静态误差时所经历的时间。振荡次数指系统协调到位后,系统误差超出静态误差指标值的次数。超调量指系统误差超出静态误差指标值时的振荡峰值。

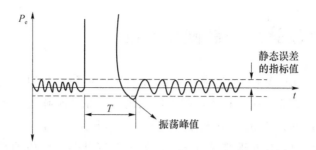

图 4-3 典型的系统调转位置误差曲线图

3. 跟踪速度、加速度

最大跟踪速度指武器能保证等速跟踪精度的最大速度;最小跟踪速度指武器能平稳运转、不爬行的最小速度。最大跟踪加速度指武器能保证正弦跟踪精度时该正弦运动的最大加速度。

4. 跟踪精度

随动系统的跟踪精度通常用静态误差、等速跟踪误差、正弦跟踪误差和射击跟踪误差综合衡量。

静态误差指随动系统稳定在指令信号指定位置时的稳态最大误差。

等速跟踪误差指随动系统在最大跟踪速度范围内进行等速运动时的稳态最大误差。

正弦跟踪误差指随动系统在最大跟踪速度和最大跟踪加速度范围内进行正弦运动时的稳态最大误差。

射击跟踪误差对大/中口径武器指随动系统在炮弹出口瞬时的跟踪误差,对小口径武器则指射击全过程的跟踪误差。

5. 最大限位制动角

最大限位制动角指随动系统驱动武器以最大速度进入电气限位后从制动起始点到运动停止点的角度。

6. 最大断电、失相制动角

该角度指随动系统从断电、失相瞬间到运动停止点的角度。

7. 绝缘电阻

绝缘电阻指随动系统中互不相连的动力电路、信号电路以及它们和地线之间的电阻值。

此外,反馈传动链和动力传动链的空回、静阻力矩等技术数据对武器随动系统的性能至关重要,也应进行检查和测量。

4.4 系统工作原理

武器直流随动系统一般指执行电机为直流电机的随动系统。直流电机具有良好而简单的线性转矩特性,在过去几十年中,一直是随动系统驱动电机的主导机种,但它固有的缺陷是存在容易磨损的器件——电刷,因而在使用上受到很多限制。

4.4.1 直流脉宽调制随动系统

用晶体管脉宽调制(PWM)式功率放大器(下称 PWM 放大器)代替扩大机组变流装置或晶闸管变流装置对直流电机电枢供电的自动调速系统称直流脉宽调制系统。PWM 放大器输出脉冲宽度可调的方波电压,它利用功率晶体管的开关作用,将直流电压转换成频率一定、宽度可调的脉冲电压,通过改变脉冲电压的宽度改变其输出电压的平均值,从而改变电机的转速。在晶体管脉宽调制系统上附加数字位置控制外环就构成了数字直流脉宽调制随动系统。数字直流脉宽调制随动系统工作原理方框图如图 4-4 所示。执行元件采用直流电机,位置检测元件采用旋转变压器或自整角机。整个随动系统由两个部分构成:一部分是双环直流脉宽调速单元,它是随动系统的功率放大和执行机构;另一部分是位置环,它的输出是速度控制器的给定,系统属于串级调节形式。

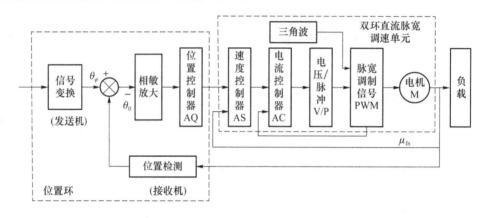

图 4-4 数字直流脉宽调制随动系统工作原理方框图

位置环由相敏放大、位置控制器、位置检测与切换电路等组成。粗通道、精通道均采用集成全波相敏整流器,它将交流位置误差信号转换成直流控制信号。集成全波相敏整流器的输入端用稳压管和电阻组成限幅电路。位置调节器采用粗精调节:粗调节器在大误差情况下工作,为保证系统反应的快速性,采用比例型调节器实现极值控制;精调节器在小误差情况下工作,为确保系统的控制精度,采用比例-积分-微分(PID)控制。位置控制器有位置误差信号和速度前馈信号两个输入信号,其输出送入速度控制器,作为速度给定信号。

采用 PWM 放大器的优点如下:

(1) 采用全控器件的 PWM 调速系统,其脉宽调制的开关频率较高,一般在几千赫兹,因此系统的频带宽,响应速度快,动态抗扰能力强。

(2) 由于开关频率高,因此仅靠电机电枢电感的滤波作用就可以获得脉动很小的直流电流,电枢电流容易连续,系统低速性能好,稳速精度高,调速范围宽,同时电机的损耗和发热都较小。

(3) PWM 系统中,主回路的电力电子器件工作在开关状态,损耗小,装置效率高,且对交流电网的影响小,无晶闸管整流器对电网的"污染",功率因数高,效率高。

(4) 主电路所需的功率器件少,线路简单,控制方便。

采用 PWM 放大器的缺点:受到器件容量的限制,PWM 调速系统只能用于中/小功率系统。

4.4.2 武器数字交流控制技术

数字位置控制器可将数据采集与处理、系统控制、系统保护、系统状态监控、系统故障诊断、显示与在线调试和模拟信号发生等多种功能集于一体,实现随动系统位置控制的在线调试。其调试界面操作灵活,调试参数可在线检查、修改、存取,人机交换功能较强。同时,数字位置控制器可以充分发挥数字控制的优势,针对不同控制对象可以设计出一些新型的控制算法,以满足新型武器的需求。

1. PID 控制器

数字位置控制器采用如图 4-5 所示的 PID 控制,其算法为

$$u = K_p \left(e + \frac{1}{T_i} \int e \mathrm{d}t + T_d \frac{\mathrm{d}e}{\mathrm{d}t} \right) \tag{4-1}$$

或写成传递函数形式:

$$\frac{U(s)}{E(s)} = K_p \left(1 + \frac{1}{T_i s} + T_d s \right) \tag{4-2}$$

其中,K_p 为比例增益;T_i 为积分增益;T_d 为微分增益;u 为控制量;e 为被控量 y 与指令量 r 的偏差。

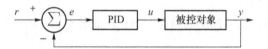

图 4-5 PID 控制器框图

为了便于计算机计算,必须把微分方程改写为差分方程,可作如下近似:

$$\int e \mathrm{d}t \approx \sum_{i=0}^{n} Te(i) \tag{4-3}$$

$$\frac{\mathrm{d}e}{\mathrm{d}t} \approx \frac{e(n) - e(n-1)}{T} \tag{4-4}$$

其中,T 为采样周期;n 为采样序号,$n = 1, 2, \cdots$;$e(n-1)$ 和 $e(n)$ 分别为第 $n-1$ 次和第 n 次采样所得到的误差值。则差分方程为

$$u(n) = K_p \left\{ e(n) + \frac{T}{T_i} \sum_{i=0}^{n} e(i) + \frac{T_d}{T} [e(n) - e(n-1)] \right\} \tag{4-5}$$

其中,$u(n)$ 为第 n 时刻的控制量。如果采样周期 T 小于被控对象时间常数 T_d,则这种近似是合理的,并与连续控制十分接近。

对于式(4-5),计算机实现起来不容易,因此一般采用增量式算法。根据式(4-5)可得

$$u(n-1) = K_p \left\{ e(n-1) + \frac{T}{T_i} \sum_{i=0}^{n-1} e(i) + \frac{T_d}{T} [e(n-1) - e(n-2)] \right\} \tag{4-6}$$

则用式(4-5)减去式(4-6)得

$$\Delta u(n) = K_p \{e(n) - e(n-1) + K_i e(n) + K_d [e(n) - 2e(n-1) + e(n-2)]\} \quad (4\text{-}7)$$

其中，K_p 称为比例增益；K_i 称为积分系数；K_d 称为微分系数。

为了编程方便，可将式(4-7)整理成如下形式：

$$\Delta u(n) = q_0 e(n) + q_1 e(n-1) + q_2 e(n-2) \quad (4\text{-}8)$$

则

$$u(n) = u(n-1) + q_0 e(n) + q_1 e(n-1) + q_2 e(n-2) \quad (4\text{-}9)$$

其中：

$$\begin{cases} q_0 = K_p \left(1 + \dfrac{T}{T_i} + \dfrac{T_d}{T}\right) \\ q_1 = -K_p \left(1 + \dfrac{2T_d}{T}\right) \\ q_2 = K_p \dfrac{T_d}{T} \end{cases}$$

2. 变结构自适应 PID 位置控制器

在随动系统的位置控制器设计中，如果采用经典的 PID 位置控制器，则存在调转和正弦跟踪的参数矛盾，因此，一般采用变结构的方式进行控制，使参数在某个点处进行切换，但这样会产生系统的颤动现象，对系统的机械部件产生冲击。变结构自适应 PID 位置控制器将自适应控制和变结构控制结合起来，用自适应控制进行在线辨识、自动变更系统参数，用变结构控制进行切换时间或次数的控制，这样的位置控制器具有变结构控制器所具有的良好鲁棒性、对系统不确定性的良好适应性，同时在进行自适应控制设计时，并不需要已知系统的模型，简化了设计要求。

根据变结构控制和自适应控制的特点，组成了如图 4-6 所示的变结构自适应 PID 位置控制器。

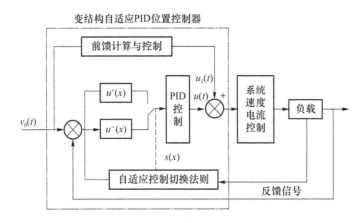

图 4-6 变结构自适应 PID 位置控制器的组成框图

变结构控制和自适应控制的有机结合及合理的前馈补偿使得该位置控制器具有很好的控制品质、极好的对对象不确定性的适应性和自身参数的鲁棒性。

3. 自调整模糊 PID 位置控制器

在随动系统的位置控制器设计中，如果采用普通模糊控制器，则并不具有适应过程持续变化的能力。这是因为在采用启发式规则实现模糊控制时,已隐含地假设了过程中不会产生超出操作者经验范围的显著变化,从而使模糊控制器的应用局限于操作者的经验所及的工况。如果将自调整控制和模糊控制相结合,则可以克服这个局限性,使模糊控制具有自适应能力。根据模糊控制和自调整控制的特点,同时兼顾 PID 控制的优点,组成了图 4-7 所示的自调整模糊 PID 位置控制器。

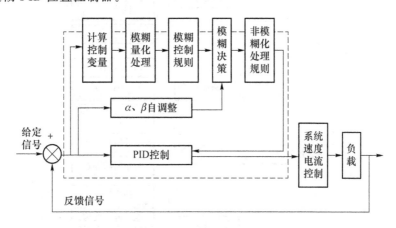

图 4-7 自调整模糊 PID 位置控制器的组成框图

自调整模糊 PID 位置控制器采用目前广泛使用的二维模糊控制器,以误差 E 和误差变化量 EC 为输入变量,以速度控制量 U 为输出变量。选用控制规律可调的模糊控制规律,使 PID 的参数 K_P、K_i 与 α、β 相结合,采用在实践中总结的变化曲线作为 α、β 的取值,实现作为模糊控制器参数的 α、β 的选择,同时 α、β 又作为自调整模糊 PID 控制器的参数可以自调整变化。系统的参数是由误差及误差变化量决定的,并随它们的变化而变化,因此,当系统发生变化或突变时,该控制器的参数能随误差及误差变化量的变化自动调整,可以较好地适应系统的变化。

模糊控制、自调整控制和 PID 控制的有机结合使得该位置控制器具有很好的控制品质、对对象不确定性的适应性和良好的系统鲁棒性。

4.5 典型无人车武器控制系统

作为无人系统载荷平台中的关键组成部分,武器控制系统主要负责接收信息处理计算机发出的指令,完成伺服控制功能和射击控制功能。其中,伺服控制功能是对承载武器的方位轴、俯仰轴进行高精度位置或速度控制;射击控制功能用于车载机枪等武器的开闩和击发。

4.5.1 武器控制系统组成

武器控制系统由俯仰、方位机构、综合武器部件等构成,包括枪械组件、上架组件、下架组件、武器适配组件和综合控制组件等。其中,综合控制组件包括武器伺服控制箱和武器射击控制箱。武器控制系统组成框图如图4-8所示。

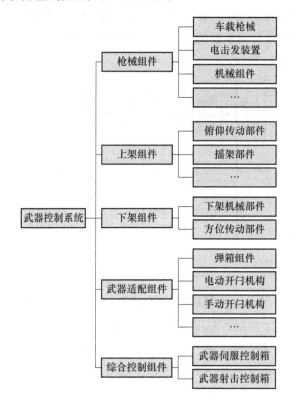

图4-8 武器控制系统组成框图

4.5.2 武器控制系统工作原理

武器控制系统主要用于完成武器伺服控制、枪械击发控制,其硬件总体拓扑关系图如图4-9所示。

武器伺服控制箱负责驱动整个平台的方位轴和俯仰轴,分别以平台位置和速度传感器为控制与反馈信号,实现整个平台的方位、俯仰伺服随动控制。从CAN总线获取瞄准线的稳定位置,通过双向高精度伺服随动控制,实现武器伺服控制系统的随动稳定。

武器射击控制箱负责完成对枪械等火力击发控制任务。

武器伺服控制箱和武器射击控制箱通过CAN或以太网或串口通信方式进行数据实时传输。

武器伺服控制系统的旋转连接器是连通无人车底盘和无人系统载荷平台的电源通道和数据通道。武器伺服控制箱和武器射击控制箱分别由信息处理分系统进行配电管理,并通过CAN总线与信息处理分系统进行数据传输。

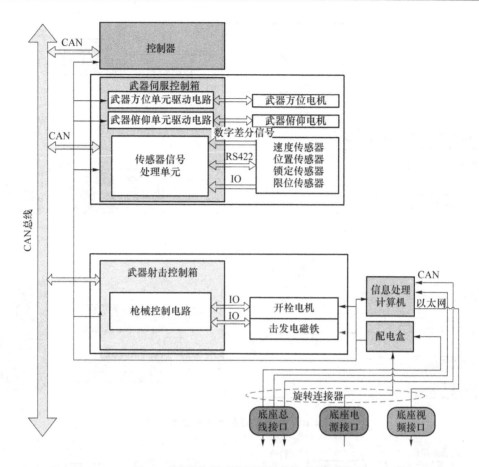

图 4-9 武器控制系统硬件总体拓扑关系图

4.5.3 控制模块设计

1. 控制模块硬件

武器控制系统硬件设计主要负责完成对方位电机和俯仰电机的伺服控制、机枪的开闩击发控制以及安全检测传感器的信号采集。武器控制系统硬件总体框图如图4-10所示。

2. 控制模块原理

通用化方位转台控制单元有电流、速度、位置三个控制回路。当光电稳定与跟踪系统发现目标时,转台随即切向位置环,火线伺服到射角。模块工作于位置环,方位、高低位置环通过CAN总线接收来自光电稳定与跟踪系统的指令和来自信息处理分系统的射击诸元,火线随动瞄准线。由于光电稳定与跟踪系统的陀螺仪测量的是空间速率,因而车体运动带来的速率扰动由陀螺仪感受并通过光电稳定与跟踪系统的稳定控制器补偿,从而实现行进间精确瞄准控制。同时,方位转台与武器高低控制模块随动于瞄准线,在射击门的控制下实现静止和行进间准确射击。伺服控制模块的控制结构如图4-11所示。

为了提高行进间火线随动瞄准线的动态精度,对于具有大惯量的随动控制模块,一般施加速度前馈校正网络。改进后的位置随动控制结构如图4-12所示。

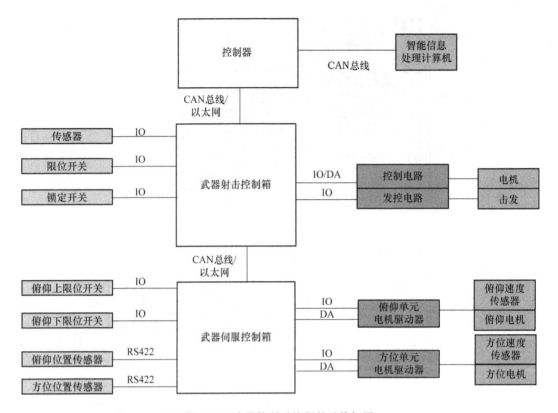

图 4-10 武器控制系统硬件总体框图

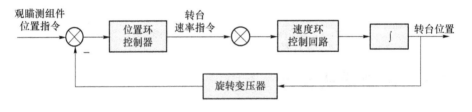

图 4-11 伺服控制模块的控制结构

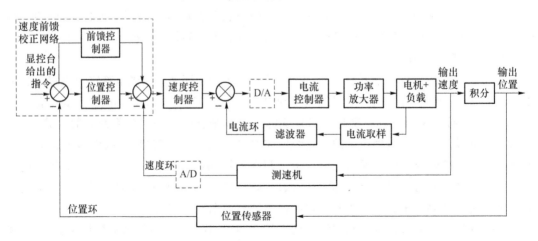

图 4-12 改进后的位置随动控制结构

控制模块中的位置命令信号来自信息处理计算机,通过 CAN 总线传输;数字编码器信号的采集与处理,速度、位置和前馈校正网络等均在控制器中实现;功率驱动采用集成了电流闭环的 PWM 驱动模式。

来自信息处理计算机的命令信号,可能受到通信、干扰等因素的影响。为避免瞄准过程中火力线摆动,一般需要对该命令信号进行数字滤波。武器随动控制模块的刚度较大,当出现阶跃命令时,模块会出现较明显的冲击,为避免阶跃冲击的出现,一般设计命令信号的滤波处理;同时,前馈校正网络一般具有微分特性,其输出一般可视为命令信号的近似微分。为实现命令信号的滤波处理和获取近似微分信号,采用非线性跟踪微分器。

3. 武器伺服控制箱

武器伺服控制系统的控制模块采用数字控制器实施控制方案,需要完成的控制任务为:①方位俯仰轴的位置控制,即接收信息处理计算机发出的位置控制命令,实现电流、速度、位置闭环控制;②方位俯仰轴系的状态信息报告,即向信息处理计算机上报工作状态信息;③任务管理,包括 CAN 通信管理、安全机制处理和故障处理。

(1) 武器伺服控制软件

武器伺服控制软件的主要模块如图 4-13 所示。

(2) 位置控制器

接受炮位计算机的命令,采集旋转变压器的信号,经过一定的控制算法解算出控制信号并发送给伺服电机驱动器,驱动电机经传动链带动转塔与挂架跟踪打击目标。同时,位置控制器还可采集惯导测得的车体姿态信号,以实现稳瞄和行进间射击的功能。位置控制器功能模块和接口如图 4-14 所示。

根据系统功能和接口的需要自行设计位置控

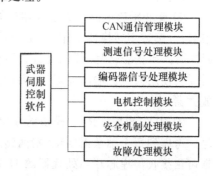

图 4-13 武器伺服控制软件的主要模块

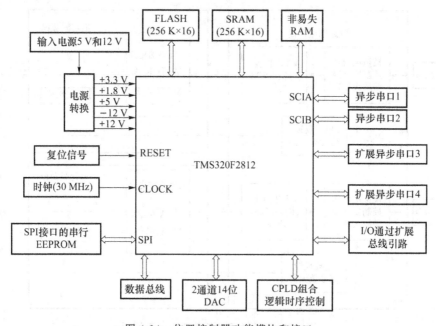

图 4-14 位置控制器功能模块和接口

器,包括高性能 D/A 转化模块、RDC 模块、4 个 422 串口接口、电源模块、励磁电路模块、键盘和显示等内容,系统处理器采用高速处理器。下面介绍位置控制器主要部分的硬件电路设计。

① 最小系统控制电路。本系统的位置控制器具有 32 位运算精度,是目前控制领域应用最为广泛也是最先进的处理器之一。其最高频率可达 150 MHz,能够单周期进行 32×32 位的乘和累加运算操作,具有 $256\ K\times 16$ 位闪存,方便软件升级,还集成了丰富的外设。处理器要想正常工作,必须具有电源电路、复位电路、时钟电路及 JTAG 电路等组成的最小系统。

② D/A 转换模块。D/A 转换的基本过程是:D/A 芯片接收处理器的 SPI 外设接口输出的命令,将其转换为对应的电压并输出至伺服驱动器控制信号的输入端从而抑制电源信号的干扰,保证 D/A 转换的可靠性。D/A 模块的工作电压(5 V、+12 V、-12 V)由 5 V 输入电源转换模块提供。为增强信号的抗干扰能力,加入数字隔离芯片。经 D/A 芯片转换输出的信号还需连接电压跟随器,在进行阻抗变换后,再由高精度运算放大器反向放大后输出到驱动器。

③ 旋变励磁电路。方位和俯仰旋转变压器工作时,需要在转子上施加一定频率的励磁信号;分解数字转换器工作时,也需要与旋变信号频率相同的基准信号。因此,通常采用励磁芯片产生正弦信号,经两级放大转换后输出 400 Hz 旋变励磁信号。由于旋转变压器励磁时需要使用大电流输出元器件,因此通常选用最大输出电流幅值可以达到 500 mA 的运算放大器。

④ RDC 模块。RDC 模块的作用是将旋转变压器输出的正弦信号转变为二进制数字信号。考虑到每个轴系需要粗、精两路通道,故共需 4 个芯片进行信号转换。转换完成后的数据可由接收传递芯片与处理器的 16 位数据总线相连接。

(3) PWM 驱动组件

PWM 驱动组件由双路电流环板与单元驱动板组成,其原理示意框图如图 4-15 所示。

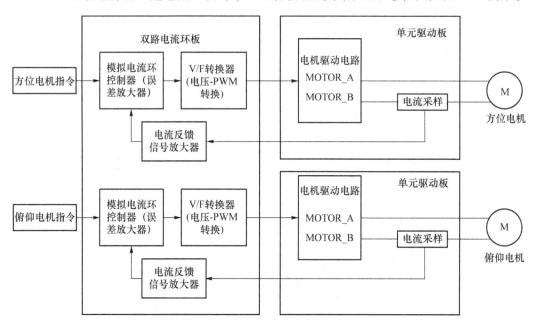

图 4-15 PWM 驱动组件原理示意框图

思考与练习

1. 武器随动系统可分为哪几类？
2. 武器随动系统的根本任务是什么？
3. 武器随动系统的战术技术指标有哪些？
4. 常用的武器随动系统有哪些？

第 5 章 导弹与制导技术

5.1 导　　弹

导弹是精确制导武器家族中的典型代表，它是一种携带战斗部，依靠自身动力装置推进，由制导控制系统导引控制飞行航迹的飞行器。导弹通常由战斗部、推进系统、制导控制系统、弹体和弹上电源五大部分组成。图 5-1 为美国"战斧"巡航导弹的总体组成示意图。

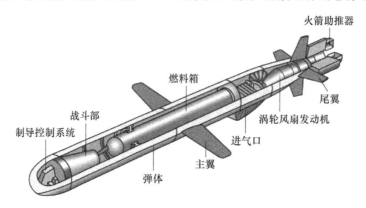

图 5-1　"战斧"巡航导弹的总体组成示意图

一般说来，导弹各部分的组成及功能如下。

(1) 战斗部

战斗部是导弹直接毁伤目标的专用装置，也称为导弹的有效载荷。它主要由壳体、战斗装药、引爆装置(或称引信)、保险和解保装置等组成。战斗部按照装药形式可以分为核装药战斗部、常规装药战斗部和特种装药战斗部三类。其中，常规装药战斗部根据毁伤机理可以分为杀伤战斗部、爆破战斗部、侵彻战斗部、聚能战斗部、子母战斗部、云爆战斗部等。

(2) 推进系统

推进系统是为导弹飞行提供动力的系统。它包括发动机、推进剂或燃料储箱和辅助设施(如管道、仪表、安装结构等)。有些导弹除了有主发动机外，还有助推发动机(如火箭)，其主要作用是使导弹在起飞时实现快速加速。通常，按照喷气推进原理，发动机可以分为化学火箭发动机、空气喷气发动机和组合发动机三大类。化学火箭发动机包括液体(燃料)火箭发动机和固体(燃料)火箭发动机。组合发动机包括火箭-冲压发动机、涡轮-冲压发动机和涡轮-火箭发动机三种。各种射程较近的导弹通常采用固体火箭发动机，远射程的弹道导弹常常采用液体火箭发动机，而飞行高度低、飞行距离远的导弹有时会采用空气喷气发动机。

(3) 制导控制系统

制导控制系统同时具有制导功能和控制功能,它是导弹的核心和关键分系统,在很大程度上决定着导弹的作战性能,特别是打击精度。制导功能是指在导弹飞向目标的整个过程中,不断地测量导弹与目标的相对位置和运动信息,并按照一定规律计算出导弹跟踪目标所需要的制导指令的功能。控制功能是指导弹根据制导指令按照特定的控制规律形成姿态或轨迹控制指令,并据此驱动执行机构产生需要的操纵力或力矩控制导弹飞向目标的功能。

(4) 弹体

弹体是连接导弹各部分并承受各种载荷的结构部件。它必须具有足够的强度、刚度以及良好的气动外形,同时能提供弹上仪器正常工作所需的环境。弹体也是为导弹提供升力的主要部件,因此它的表面通常安装弹翼、尾翼或者安定面等。

(5) 弹上电源

弹上电源是给导弹各部分提供工作用电的能源部件,它一般包括原始电源(又称一次电源)、配电设备和交流装置。对于飞行时间较短的导弹,原始电源常为一次性使用的化学电池;对于飞行时间较长的导弹,原始电源为小型发电机。

5.2 导弹制导系统的概念与分类

5.2.1 导弹制导系统的概念

1. 制导系统与控制系统

导弹要精确地打击目标就必须具备测量导弹与目标的相对位置和运动信息,并根据这些信息按照一定规律控制导弹改变飞行轨迹(也称为弹道)的能力。而这些能力的实现就需要导弹具备制导控制系统。导弹制导控制系统可分为制导系统和控制系统两大部分。

(1) 制导系统

制导系统的作用是测量导弹与目标的相对位置和运动信息,并依照一定制导规律形成改变导弹速度方向的制导指令。测量导弹与目标的相对位置和运动信息的功能,通常由导弹自身携带的测量设备实现,也可以由制导站或导弹外其他探测设备实现。如果目标信息是利用导弹上的测量设备获取的,则弹上的测量设备通常称为导引头。如果制导指令是利用导引头或者制导站实时测量的目标位置和运动信息产生的,则所依照的制导律也可以称为导引律或导引方法,形成的制导指令也可称为导引指令。对于一些固定目标,由于其位置始终不变,导弹在发射前可以预先设计好攻击的飞行轨迹(也称理想弹道),因此在飞行过程中,导弹只要实时测量自身位置和理想弹道之间的差异就可产生制导指令了。

(2) 控制系统

控制系统的作用是根据制导指令的要求,驱动导弹的执行机构改变弹体飞行方向,从而使导弹飞向目标。在大气层内飞行的导弹通常利用气动力改变飞行速度的方向,而气动力的改变需要通过弹体姿态的变化来实现,此时的控制指令就是发送给弹体姿态控制执行机构(如舵系统或姿态控制发动机)的姿态控制指令。对于在大气层外或者气动力不足的环境中飞行的导弹,导弹飞行速度的改变通过轨道控制发动机实现,此时的控制指令就是将导弹姿态控制到需求方向上的姿态控制指令和轨道控制发动机的点火指令。

从总体上说,制导系统利用导弹与目标的相对位置和运动信息产生改变其飞行速度的"目的指令";而控制系统将这个"目的指令"转换为控制具体执行机构(如舵系统、姿态控制发动机或轨道控制发动机)的"执行指令",最终通过弹体气动力的变化或发动机推力的作用改变导弹的飞行轨迹。所以人们常常将制导系统比作人的"眼睛和大脑","眼睛"在获取目标的位置和运动信息后,交给"大脑"按照制导规律形成制导指令;而将控制系统比作人的"小脑和肌肉","小脑"将"大脑"的制导指令分解为对不同"肌肉"的控制指令,并传送到相应的"肌肉"使其协调工作,从而使导弹飞向目标。

如图 5-2 所示,由于制导系统和控制系统的紧密关系,人们通常把两者合称为导弹制导控制系统,有时也广义地称为导弹控制系统。

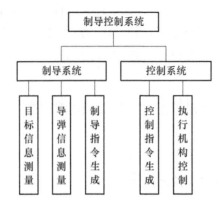

图 5-2　制导系统和控制系统的关系

2. 制导系统与控制系统的关系

绝大多数的导弹都具有如图 5-3 所示的制导控制系统结构。

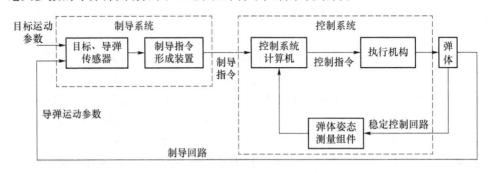

图 5-3　导弹制导控制系统结构

在图 5-3 中,制导系统由目标、导弹传感器及制导指令形成装置组成。其中,导弹传感器主要用于确定导弹自身的位置和相关运动信息等,目标传感器则用于测量目标的位置和运动信息。两者获取的信息交给制导指令形成装置,就可以按照一定制导规律形成制导指令。目标、导弹传感器以及制导指令形成装置可以安装在导弹上,也可以安装在外部的制导站上。

控制系统由控制系统计算机、执行机构（如舵系统、姿态控制发动机和轨道控制发动机）和弹体姿态测量组件等组成。控制系统计算机接收到制导系统输出的制导指令后，按照一定控制规律形成控制指令；执行机构根据控制指令改变弹体的姿态，进而改变气动力或侧向推力，使导弹按照预期规律改变飞行方向；导弹飞行方向的变化最终将引起导弹与目标相对位置和运动关系的变化，使得制导系统继续测量并形成新的制导指令。因此，这条改变导弹飞行轨迹的闭环控制回路被称为制导回路。

控制系统计算机在操纵执行机构改变弹体姿态的同时，弹体姿态测量组件（如陀螺仪）测量出弹体实际姿态变化并反馈给控制系统计算机。控制系统计算机比较姿态指令值与姿态实际控制值之间的误差，从而进一步控制弹体姿态的稳定变化，因此这条闭环控制回路被称为稳定控制回路，简称稳定回路。

由此可以看出，导弹制导控制系统通常是一个双回路系统。制导回路为外层大回路，负责控制导弹的飞行轨迹改变；稳定控制回路作为制导回路的重要组成部分构成内回路，其既要控制弹体姿态以实现导弹的机动，又要保证导弹的姿态稳定，即对导弹飞行具有控制和稳定的双重作用。

3. 制导系统的内涵

按照定义，制导系统用于测量导弹与目标的相对位置和运动信息，按照一定制导规律形成制导指令，这个概念包括三个内涵。

一是对导弹自身位置和运动信息的确定。对导弹自身位置和运动信息的确定可以通过弹上安装的惯性测量设备、天文观测设备、卫星定位设备或者地形辅助测量设备确定，也可以通过外部制导站或者导弹外的其他测量设备获得。

二是对导弹与目标之间的相对位置和运动信息的确定。这些信息可以由导弹自身的测量设备（导引头）测量，也可由外部制导站或者导弹外的其他设备测量，或者对于固定目标预先设定目标位置信息。

三是按照制导规律形成制导指令。制导指令的形成装置可以安装在导弹上，也可以安装在外部制导站上。如果在外部制导站上形成制导指令，则制导指令需要发送给导弹上的控制系统执行。

制导系统的工作流程上可以划分为不同的阶段。对于射程较远的导弹，如飞航式导弹、远程空地导弹、地空导弹和空空导弹等，发射时导弹导引头无法发现目标，那么制导系统就需要在不同阶段以不同的制导模式飞行，其通常分为三个工作阶段，即初制导、中制导和末制导。

(1) 初制导是指导弹发射后的初始飞行阶段的制导。初制导的目的是使导弹达到预定的飞行高度、速度和姿态，以便于转入中制导阶段。初制导阶段的时间较短，速度变化较大，通常利用弹上惯性测量系统的信息控制导弹按照程序设定的弹道飞行，其制导规律不需要目标的实时位置和运动状态，所以这一段也被称为程序制导。

(2) 中制导是指初制导结束后、导引头捕获目标转入末制导阶段之前的制导。中制导的目的是控制导弹在长距离飞行中的运动状态，如飞行高度和速度等，同时保证导引头容易捕获目标并以合适的飞行状态转入末制导。中制导阶段的时间较长，速度变化不大，通常依靠惯性制导、卫星定位制导、天文制导或者地形匹配制导等方式进行制导。

(3) 末制导是指导引头捕获目标后产生制导指令，导引导弹飞向目标阶段的制导。末制导的目的是将导弹导向目标并提高命中精度。末制导阶段的时间不长,多采用自主跟踪或者遥控飞向目标,因此也被称为末导引阶段。

当然,制导系统的工作阶段根据导弹的类型、飞行距离和制导方式不同也会有一定的区别,例如,对于有些射程较短的导弹来说可能只存在初制导和末制导。

本章所讲述的制导系统是指从导弹和目标信息获取到的制导指令的形成部分。由于初制导阶段和中制导阶段涉及的其他专业知识较多,因此本章主要介绍末制导阶段。

5.2.2 导弹制导系统的分类

根据作战用途、攻击目标的特性和射程远近等因素的不同,导弹的制导设备和体制差别很大。一般情况下,导弹的控制系统设备都在弹上,工作原理大体相同,而制导系统的设备可能位于弹上,也可能位于制导站内,前后两种情况对应的信息获取手段不同。这里对导弹制导系统进行分类介绍。

导弹的制导系统有非自主制导系统与自主制导系统两大类。非自主制导系统是指导弹在飞行过程中,导弹或制导站需要不断测量目标位置和运动信息才能形成制导指令的制导系统;自主制导系统则是不需要在飞行过程中实时测量目标位置和运动信息就能形成制导指令的制导系统。自主制导系统包括惯性制导系统、天文制导系统、卫星制导系统、多普勒制导系统等;非自主制导系统包括遥控制导系统和自动寻的制导系统两大类。为提高制导性能和抗干扰能力,通常将几种制导方式组合起来使用,构成的制导系统称为复合制导系统。导弹制导系统的分类如图5-4所示。

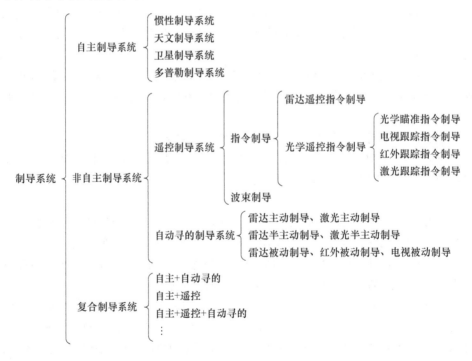

图 5-4 导弹制导系统的分类

5.3 常用的导引方法

导弹制导系统的功能是根据弹目相对关系产生制导指令,从而控制导弹的飞行轨迹。在导弹获取到目标的相对位置和运动信息后,如何使导弹按照某种方式导向目标就是制导规律要解决的问题。制导规律与飞行轨迹的关系如图 5-5 所示。通常在末制导阶段,导弹都能够通过导引头或者制导站实时获取目标的相对位置和运动信息,因此这一阶段的制导规律被称为导引规律或者导引方法。

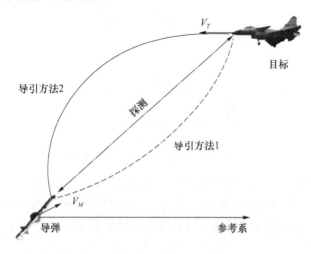

图 5-5 制导规律与飞行轨迹的关系

导弹的制导规律研究的主要是导弹质心的运动规律,为了简化问题,通常将导弹当作一个可操纵质点,这种假设并不影响对制导规律的研究。制导规律的研究中使用相对运动方程来描述导弹、目标及制导站之间的相对运动关系。运动方程是制导弹道运动学分析的基础,通常建立在极坐标系中。在制导规律的初步设计阶段,为了简化研究通常采用运动学分析法,其主要基于如下假设:

(1) 将导弹、目标和制导站的运动视为质点运动,即导弹绕弹体轴的转动是无惯性的;
(2) 制导控制系统的工作是理想的;
(3) 导弹速度是时间的已知函数;
(4) 目标和制导站的运动规律是已知的;
(5) 略去导弹飞行中随机干扰对法向力的影响。

其中,假设(1)和(2)称为"瞬时平衡"假设,其实质是认为导弹在整个有控飞行期间的任一瞬时都处于平衡状态;假设(5)实际上是指忽略导弹真实飞行中的随机干扰造成的导弹绕质心的随机振荡。

为了简化研究,假设导弹、目标和制导站始终在同一平面内运动。该平面通常被称为攻击平面,攻击平面可能是铅垂面,也可能是水平面或倾斜平面。

导弹制导系统的制导方法(或导引方法)根据有无制导站参与可分为自动寻的制导和遥控制导。

(1) 自动寻的制导

自动寻的制导导弹具有自行完成探测目标和形成制导指令的功能,因此自动寻的制导的相对运动方程实际上是描述导弹与目标之间相对运动关系的方程。如图 5-6 所示,假设某一时刻,目标位于 T 点,导弹位于 M 点,连线 MT 称为目标瞄准线(简称弹目视线)。选取参考基准线 MX 作为角度参考零位,通常可以选取水平线、惯性基准线或发射坐标系的一个轴等。

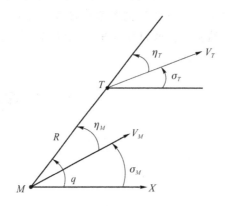

图 5-6 自动寻的制导的相对运动关系

图 5-6 中,R 为导弹与目标的相对距离,q 为目标方位角,V_M、V_T 分别为导弹、目标的速度,σ_M、σ_T 分别为导弹弹道角和目标航向角,η_M、η_T 分别为导弹、目标速度矢量前置角。通常为了研究方便,将导弹和目标的运动分解到弹目视线和其法线两个方向,因此其相对运动方程可以写为

$$\begin{cases} \dfrac{\mathrm{d}R}{\mathrm{d}t}=V_T\cos\eta_T-V_M\cos\eta_M \\ R\dfrac{\mathrm{d}q}{\mathrm{d}t}=V_M\sin\eta_M-V_T\sin\eta_T \\ q=\sigma_M+\eta_M \\ q=\sigma_T+\eta_T \\ \varepsilon_1=0 \end{cases} \tag{5-1}$$

其中,$\varepsilon_1=0$ 为描述导引方法的制导关系方程。根据制导关系方程形式的不同,自动寻的制导中常见的方法有:①追踪法($\eta_M=0$,即 $\varepsilon_1=\eta_M=0$);②平行接近法($q=q_0=$常数,即 $\varepsilon_1=\mathrm{d}q/\mathrm{d}t=0$);③比例导引法($\dot\sigma=K\dot q$,即 $\varepsilon_1=\dot\sigma-K\dot q=0$)。

(2) 遥控制导

遥控制导导弹受到制导站的照射与控制,因此遥控制导导弹的运动特性不仅与目标的运动状态有关,也与制导站的运动状态有关。其中,制导站可能是固定的,也可能是活动的,因此在建立遥控制导的相对运动方程时还要考虑制导站的运动状态。通常为简化问题,可将制导站运动看作质点运动且假设运动的轨迹已知;同时认为导弹、制导站和目标的运动始终在同一平面内或者可以分解到同一攻击平面内。

假设某一时刻,目标位于 T 点,导弹位于 M 点,制导站处于 C 点,则有如图 5-7 所示的相对运动关系。

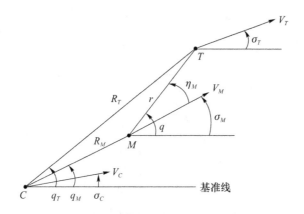

图 5-7 遥控制导的相对运动关系

图 5-7 中,R_T、R_M 分别为目标、导弹与制导站的相对距离,q_T、q_M 分别为制导站-目标连线和制导站-导弹连线与基准线之间的夹角,σ_C 为制导站速度与基准线之间的夹角。其相对运动方程为

$$\begin{cases} \dfrac{dR_M}{dt}=V_M\cos(q_M-\sigma_M)-V_C\cos(q_M-\sigma_C) \\ R_M\dfrac{dq_M}{dt}=-V_M\sin(q_T-\sigma_T)+V_C\sin(q_T-\sigma_C) \\ \dfrac{dR_T}{dt}=V_T\cos(q_M-\sigma_M)-V_C\cos(q_M-\sigma_C) \\ R_T\dfrac{dq_M}{dt}=-V_T\sin(q_T-\sigma_T)+V_C\sin(q_T-\sigma_C) \\ \varepsilon_1=0 \end{cases} \quad (5\text{-}2)$$

遥控制导中常见的导引方法有:①三点法($q_M=q_T$,即 $\varepsilon_1=q_M-q_T=0$);②前置角法($q_M-q_T=C_q(R_T-R_M)$,即 $\varepsilon_1=q_M-Q_T-C_q(R_T-R_M)=0$)。

下面对常见的追踪法、平行接近法、比例导引法、三点法以及前置角法进行简要介绍。

5.3.1 追踪法

追踪法是最早提出的一种导引方法,它的原理是在制导过程中使导弹的速度矢量始终指向目标。追踪制导的相对运动关系如图 5-8 所示,其制导关系方程为 $\varepsilon_1=\eta_M=0$,相对运动方程组可以写为

$$\begin{cases} \dfrac{dR}{dt}=V_T\cos\eta_T-V_M\cos\eta_M \\ R\dfrac{dq}{dt}=V_M\sin\eta_M-V_T\sin\eta_T \\ q=\sigma_M+\eta_M \\ q=\sigma_T+\eta_T \\ \eta_M=0 \end{cases} \quad (5\text{-}3)$$

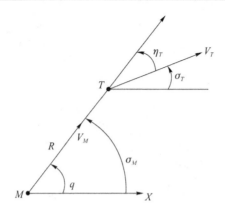

图 5-8 追踪制导的相对运动关系

为了简化研究,通常假设目标做匀速直线运动,导弹也可近似看作等速运动,取基准线平行于目标的运动轨迹,即 $\sigma_T=0,q=\eta_T$,则运动关系方程可简化为

$$\begin{cases} \dfrac{dR}{dt}=V_T\cos q-V_M \\ R\dfrac{dq}{dt}=-V_T\sin q \end{cases} \tag{5-4}$$

令 $p=\dfrac{V_M}{V_T}$,称为速度比;(R_0,q_0) 为开始制导时导弹与目标的相对位置。那么导弹的法向过载可以表述为

$$n=\dfrac{4V_MV_T}{gR_0}\left|\dfrac{\tan^p\dfrac{q_0}{2}}{\sin q_0}\cos^{(p+2)}\dfrac{q}{2}\sin^{(2-p)}\dfrac{q}{2}\right| \tag{5-5}$$

由式(5-4)的第 2 式可以看出:q 和 $\dot{q}$ 的符号总是相反的,这表明在整个导引过程中 $|q|$ 是不断减小的,即导弹总是绕到目标正后方命中目标。因此导弹命中目标时,$q\to 0$,由式(5-5)可以看出:

当 $p>2$ 时,$\lim\limits_{q\to 0}n=\infty$;

当 $p=2$ 时,$\lim\limits_{q\to 0}n=\dfrac{4V_MV_T}{gR_0}\left|\dfrac{\tan^p\dfrac{q_0}{2}}{\sin q_0}\right|$;

当 $p<2$ 时,$\lim\limits_{q\to 0}n=0$。

由此可见:对于追踪法导引,考虑到命中点的法向过载,只有当速度比满足 $1<P\leqslant 2$ 时,导弹才有可能直接命中目标。

追踪法在技术上容易实现,因此其在早期的导弹和一些低成本炸弹上获得了广泛应用,如美国"宝石路"(Paveway)激光半主动制导炸弹,如图 5-9 所示,它的弹体头部安装了一个风标,导引头光轴与风标轴线始终重合。在飞行中,由于风标轴线始终指向气流来流方向(空速方向),因此可以近似认为导引头的光轴始终指向弹体速度方向。只要目标偏离了导引头光轴,就认为弹体速度方向没有对准目标,此时制导系统将形成控制指令从而控制弹体运动方向重新指向目标。

追踪法在弹道特性上存在着严重的缺点,由于导弹的绝对速度总是指向目标,因此相对速度总是落后于弹目视线,导弹需要绕到目标的后方尾追攻击,这就使得攻击弹道比较弯曲,需用法向过载较大。特别是在某些弹目相对关系下,导弹在命中点附近的法向过载极大,从而使导弹不具备全向攻击能力。

图 5-9 "宝石路"制导炸弹头部的风标

5.3.2 平行接近法

平行接近法是指在整个制导过程中,目标瞄准线在空间保持平行移动的一种导引方法,其导引方程为 $\varepsilon_1 = \mathrm{d}p/\mathrm{d}t = 0$ 或 $\varepsilon_1 = q - q_0 = 0$,其中 q_0 为制导开始瞬间的目标视线角。

平行接近法的相对运动方程为

$$\begin{cases} \dfrac{\mathrm{d}R}{\mathrm{d}t} = V_T\cos\eta_T - V_M\cos\eta_M \\ R\dfrac{\mathrm{d}q}{\mathrm{d}t} = V_M\sin\eta_M - V_T\sin\eta_T \\ q = \sigma_M + \eta_M \\ q = \sigma_T + \eta_T \\ \varepsilon_1 = \dfrac{\mathrm{d}q}{\mathrm{d}t} = 0 \end{cases} \tag{5-6}$$

从式(5-6)可以推导出运动关系 $V_M\sin\eta_M = V_T\sin\eta_T$。不管目标作何种机动飞行,导弹速度 V_M 和目标速度 V_T 在垂直于目标视线方向上的分量相等,因此弹目相对速度与弹目视线重合且始终指向目标,如图 5-10 所示。

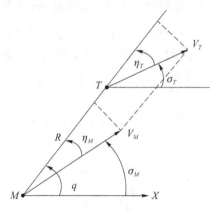

图 5-10 平行接近制导的相对运动关系

对等式 $V_M\sin\eta_M = V_T\sin\eta_T$ 两边分别求导,且当 $p = V_M/V_T$ 为常数时,有

$$\dot{\eta}_M \cos \eta_M = \frac{1}{p} \dot{\eta}_T \cos \eta_T \tag{5-7}$$

假设攻击平面为铅垂平面，则有

$$q = \eta_M + \sigma_M = \eta_T + \sigma_T = \text{const} \tag{5-8}$$

因此 $\dot{\eta}_M = -\dot{\sigma}_M, \dot{\eta}_T = -\dot{\sigma}_T$，进而有

$$\frac{V_M \dot{\sigma}_M}{V_T \dot{\sigma}_T} = \frac{\cos \eta_T}{\cos \eta_M} \tag{5-9}$$

显然，由 $p > 1$ 可以推得导弹和目标的需用法向过载：

$$\begin{cases} n_{yM} = \dfrac{V_M \dot{\sigma}_M}{g} + \cos \sigma_M \\ n_{yT} = \dfrac{V_T \dot{\sigma}_T}{g} + \cos \sigma_T \end{cases} \tag{5-10}$$

比较上式，得

$$n_{yM} < n_{yT} \tag{5-11}$$

由此可知，不论目标进行何种机动，采用平行接近法的导弹的需用法向过载总是小于目标的法向过载，或者说导弹弹道的弯曲程度比目标航迹弯曲程度小，因此导弹的机动性可以小于目标的机动性。然而，平行接近法要求制导系统在每一瞬时都要准确地测量目标及导弹的速度和前置角，并严格保持平行接近法的制导关系，但实际制导过程中，由于导引头测量误差和目标机动难以预测，因此这种导引方法在工程上很难实现。

5.3.3 比例导引法

比例导引法是指在攻击目标的制导过程中，导弹速度矢量的旋转角速度与弹目视线的旋转角速度成比例的一种导引方法，其导引关系为

$$\varepsilon_1 = \frac{d\sigma_M}{dt} - K \frac{dq}{dt} = 0 \tag{5-12}$$

其中，K 为比例系数，通常取 $K = 2 \sim 6$。实际上，追踪法和平行接近法是比例导引法的两种特殊情况：当 $K = 0$ 且 $\eta_M = 0$ 时，比例导引法就变成追踪法；当 $K \to \infty$ 时，则 $\dfrac{dq}{dt} \to 0$，比例导引法就变成平行接近法。因此，可以说比例导引法是介于追踪法和平行接近法之间的一种导引方法，其弹道特性也介于两者之间。比例导引法的相对运动方程可以写成

$$\begin{cases} \dfrac{dR}{dt} = V_T \cos \eta_T - V_M \cos \eta_M \\ R \dfrac{dq}{dt} = V_M \sin \eta_M - V_T \sin \eta_T \\ q = \sigma_M + \eta_M \\ q = \sigma_T + \eta_T \\ \dfrac{d\sigma_M}{dt} = K \dfrac{dq}{dt} \end{cases} \tag{5-13}$$

为了简化研究，通常假设目标作匀速直线飞行，导弹作匀速飞行。可以推导出比例导引法对应的法向过载为

$$n \propto \frac{\dot{V}_M \sin \eta_M - \dot{V}_T \sin \eta_T + V_T \dot{\sigma}_T \cos \eta_T}{K V_M \cos \eta_M + 2\dot{R}} \tag{5-14}$$

为了使导弹在接近目标的过程中视线角速度收敛,K 的选择有下限约束,即

$$K > \frac{2|\dot{R}|}{V \cos \eta} \tag{5-15}$$

另外,由于比例系数 K 的上限与导弹的法向过载成正比,因此 K 的上限值受到导弹可用法向过载的限制。

比例导引法的优点如下:

(1) 可以得到较为平直的弹道;

(2) 在满足 $K > 2|\dot{R}|/(V \cos \eta)$ 的条件下 $|\dot{q}|$ 逐渐减小,弹道前段较弯曲,充分利用了导弹的机动能力;

(3) 弹道后段较为平直,导弹具有较充裕的机动能力;

(4) 只要 K, q_0, η_0, p_0 等参数组合适当,就可以使全弹道上的需用法向过载均小于可用过载,从而实现全向攻击。

比例导引法优点多且实现容易,因而在工程上得到了广泛的应用。但是比例导引法有一个明显的缺点,即导弹命中点处的需用法向过载受导弹速度和攻击方向的影响。为了克服这一缺点,衍生出了诸如广义比例导引法、修正比例导引法等改进方法。

(1) 广义比例导引法的相对运动方程。根据比例导引法,导弹速度的转动角速度与视线转动角速度成正比,即

$$\frac{d\sigma_M}{dt} = K \frac{dq}{dt} \tag{5-16}$$

其中,K 为比例系数,通常取 2~6。广义比例导引法的制导关系为需用法向过载与目标视线旋转角速度成正比,即

$$n = K_1 \frac{dq}{dt} \tag{5-17}$$

其中,K_1 为比例系数。如果考虑相对速度的影响,则

$$n = K_2 \left| \frac{dr}{dt} \right| \frac{dq}{dt} = K_2 |\dot{R}| \dot{q} \tag{5-18}$$

其中,K_2 为比例系数。

(2) 修正比例导引法的相对运动方程。修正比例导引法的设计思想是:对引起目标视线转动的几个因素(如导弹切向加速度、目标切向加速度、目标机动以及重力等)进行补偿,使得由它们产生的弹道需用法向过载在命中点附近尽量小。例如,在铅垂平面内,考虑对导弹切向加速度和重力作用进行补偿,由此建立的制导关系方程如下:

$$n = K_2 |\dot{R}| \dot{q} + \frac{\dot{N} V_M}{2g} \tan(\sigma_M - q) + \frac{N}{2} \cos \sigma_M \tag{5-19}$$

其中,N 为有效导航比,通常取 $N = 3 \sim 5$;σ_M 和 q 分别为导弹的弹道倾角和弹目视线角;等号右端第二项为导弹切向加速度补偿项;等号右端第三项为重力补偿项。

5.3.4 三点法

三点法是指在攻击目标的制导过程中,导弹始终处于制导站与目标的连线上,如果观察

者从制导站上观察目标,则导弹的影像恰好与目标的影像重合,因此三点法也称为目标覆盖法或者重合法。

假设导弹、目标和制导站在同一平面内,目标位于 T 点,导弹位于 M 点,制导站位于 O 点且是静止的,则有如图 5-11 所示的相对运动关系。

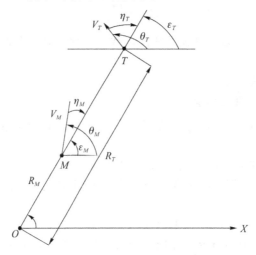

图 5-11 三点法制导的相对运动关系

从图 5-11 可知,由于导弹始终处于目标和制导站的连线上,故导弹与制导站连线的高低角 ε_M 和目标与制导站连线的高低角 ε_T 必须相等,因此,三点法的导引关系为

$$\varepsilon_M = \varepsilon_T \tag{5-20}$$

那么运动学方程为

$$\begin{cases} \dfrac{dR_M}{dt} = V_M \cos \eta_M \\ R_M \dfrac{d\varepsilon_M}{dt} = -V_M \sin \eta_M \\ \dfrac{dR_T}{dt} = V_T \cos \eta_T \\ R_T \dfrac{d\varepsilon_T}{dt} = -V_T \sin \eta_T \\ \varepsilon_M = \theta_M + \eta_M \\ \varepsilon_T = \theta_T + \eta_T \\ \varepsilon_M = \varepsilon_T \end{cases} \tag{5-21}$$

三点法最显著的优点在于技术实施简单、抗干扰能力强,因此常常被用于攻击低速运动目标、高空俯冲目标和目标具有强烈干扰而无法获得相对距离信息的情况。常见的使用三点法导引的导弹有反坦克导弹和地空导弹。

三点法也存在着明显的缺点:首先是弹道弯曲,由于越接近目标,弹道弯曲程度越大,因此该方法受到可用过载的限制;其次是制导系统的动态误差难以补偿,特别是当目标机动性很大时,跟踪系统的延迟会引起很大的制导偏差;最后是弹道下沉现象,由于三点导引法迎击低空目标时导弹的发射角很小,而导弹离轨时的飞行速度很小,导致操纵舵面产生的法向力也很小,因此导弹离轨后可能会出现弹体下沉现象,尤其在攻击近距离目标和在超低空掠地飞行时,导弹容易因为可用过载不足而有撞地的危险。

5.3.5 前置角法

前置角法是指在整个制导过程中,导弹和制导站的连线始终超前于目标和制导站的连线,而这两条连线的夹角按照某种规律变化。假设导弹、目标和制导站在同一平面内,目标位于 T 点,导弹位于 M 点,制导站位于 O 点且是静止的,则有如图 5-12 所示的相对运动关系。

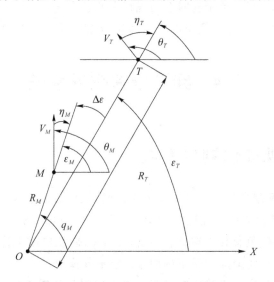

图 5-12 前置角法制导的相对运动关系

导引方程为 $\varepsilon_M = \varepsilon_T + \Delta\varepsilon$,$\Delta\varepsilon$ 为前置角。为了保证弹道的平直,一般要求导弹在接近目标时 $\dot{\varepsilon}_M$ 趋于零,因此导引方程可以写为

$$q_M - q_T = \frac{\dot{\varepsilon}_T}{\dot{\Delta R}} \cdot (R_T - R_M) \quad \text{或} \quad \varepsilon_M = \varepsilon_T - \frac{\dot{\varepsilon}_T}{\dot{\Delta R}} \Delta R \tag{5-22}$$

那么前置角法的相对运动方程为

$$\begin{cases} \dfrac{dR_M}{dt} = V_M \cos\eta_M \\ R_M \dfrac{d\varepsilon_M}{dt} = -V_M \sin\eta_M \\ \dfrac{dR_T}{dt} = V_T \cos\eta_T \\ R_T \dfrac{d\varepsilon_T}{dt} = -V_T \sin\eta_T \\ \varepsilon_M = \theta_M + \eta_M \\ \varepsilon_T = \theta_T + \eta_T \\ \varepsilon_M = \varepsilon_T - \dfrac{\dot{\varepsilon}_T}{\dot{\Delta R}} \Delta R \\ \Delta R = R_T - R_M \\ \dot{\Delta R} = \dot{R}_T - \dot{R}_M \end{cases} \tag{5-23}$$

有时为了使导弹在命中点的过载不受目标机动的影响,采用半前置角法,其导引方程为

$$\varepsilon_M = \varepsilon_T - \frac{1}{2}\frac{\dot{\varepsilon}_T}{\Delta \dot{R}}\Delta R \tag{5-24}$$

半前置角法在命中点的过载不受目标机动的影响,但是在实现导引的过程中要不断测量导弹和目标的相对距离和高低角等参数,这就使得制导系统的结构比较复杂,技术实施比较困难,特别是当目标进行主动干扰时会出现很大的起伏误差。

本节主要对导引方法进行了简单的介绍,详细的推导可以参考其他专业书籍。

5.4 典型导弹制导系统

5.4.1 电视成像制导系统

电视成像制导是利用自然光或其他人工光源照射目标,通过接收目标反射或辐射的可见光信息形成图像,然后从可见光图像中提取目标位置信息并实现自动跟踪的制导技术。由于可见光图像的边缘、色彩和纹理信息丰富,分辨率高,抗电磁干扰能力强且成本较低,因此在20世纪中后期被广泛地应用于多种型号的空地导弹中。

在第二次世界大战中,电视成像制导第一次被应用于鱼雷制导武器中。但这种电视成像制导系统根据采集的图像进行人工操纵鱼雷航行方向,不属于电视自动跟踪系统,只能算是电视遥控制导系统。

20世纪70年代以后,随着电视摄像机的小型化、批量化和低成本化,电视成像制导开始大量应用于空地导弹,这个时期典型的空地导弹是美国AGM-65A/B"幼畜"空地导弹。此外,由于可见光电视图像与人眼所见的景象完全一致,这非常适用于人在回路中或者人工锁定目标,因此电视成像制导系统的目标识别和锁定过程通常由人工完成。

电视成像制导属于被动制导方式,具有极好的隐蔽性;其最大的缺点是只能在白天和能见度较好的情况下使用,且容易受到强光、烟尘和雾的干扰,无法全天候使用或在复杂作战环境中使用,因此电视成像制导在21世纪后主要用于低成本便携式导弹。

1. 电视成像制导系统原理

电视成像制导系统的基本原理是:由电视摄像机获取目标的可见光图像或图像序列,并利用图像处理技术实现对目标的搜索、发现、识别和跟踪。因此,电视成像制导系统通常包含电视摄像机、信号转换、信息处理电路、平台伺服系统、视频信号发送与接收装置、视频显示器以及指令形成和发送装置等,如图5-13所示。

由图5-13可知,电视成像制导系统利用电视摄像机将目标与背景的可见光辐射信息经光电转换后形成可见光图像或图像序列。可见光图像或图像序列经过信息处理后,一方面通过视频信号发送与接收装置传给视频显示器,供武器操作员观察;另一方面经过信息处理电路获得目标位置偏差信号,并利用此信号控制平台伺服系统,同时将目标位置偏差信号按

照一定的制导规律形成制导指令,发给导弹控制系统改变导弹的飞行状态。

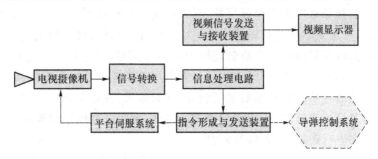

图 5-13　电视成像制导系统组成框图

电视成像制导系统的核心器件是电视摄像机,其通常由光学系统、光电转换器件和信号处理电路等组成。光学系统的作用是将目标和背景的可见光辐射信息汇聚并清晰地投射到成像靶面上,其通常由透镜、光阑、滤光片和快门等构成。光学系统能够根据光强自动控制投向摄像管靶面的通光量,这样既能保证获取层次清晰的图像,也能保护靶面不会被强光烧坏。

光电转换器件的作用是将可见光图像转换为电信号以便后期形成图像或图像序列,目前常用的光电转换器件有真空成像器件和固体成像器件两种。真空成像器件包括光电导摄像管、硅靶摄像管、硅靶电子倍增摄像管;固体成像器件包括电荷耦合器件(CCD)和电荷注入器件(CID)。其中,光电导摄像管对器件制作工艺水平要求较低,并且所形成的图像信号为模拟信号,因此适合于 20 世纪中后期模拟电路占主导地位的时代。那时所采用的目标跟踪算法都是以模拟信号为对象的。然而,光电导摄像管的灵敏度较低,只适用于光照条件较好的环境。为了使光电导摄像管能够在光照度极低的环境中使用,可以在硅片上制作二维的微型硅光电二极管阵列,这样每个光电二极管就成为一个独立的探测像素单元。这种硅片靶面通过提高靶增益来提高摄像管灵敏度,称为硅靶摄像管。进一步提高增益还可以在硅靶摄像管上增加图像增强器,构成硅靶电子倍增摄像管。硅靶摄像管和硅靶电子倍增摄像管的灵敏度很高,但噪声较大、分辨率较差,夜晚的作用距离短。真空管成像器件的最大缺点在于真空管是一个体积庞大、电路复杂且易损坏的器件。随着半导体技术的迅速发展,固体成像器件以其体积小、重量轻、功耗小、坚固可靠和低压供电的特点,已经逐步替代真空管成为目前制导系统常用的成像器件。固体成像器件是利用电荷耦合器件(CCD)和电荷注入器件(CID)制作的非扫描式直接成像器件。非扫描是指避免了使用机械扫描和电子束扫描的方法,而是采用电荷耦合/注入传递或寻址访问技术实现对整个探测靶面信号的一次采集。其信号读出方式可分为行间转移、帧转移和 XY 寻址方式三类,具体工作原理可参考电子成像器件专业参考书。

无论电视成像制导系统采用何种电视摄像机,其目的都是对目标形成清晰的可见光图像。一般来说,在天气晴好的条件下,电视摄像机能够在 15～20 km 远处识别尺寸为 50 m×50 m 的目标,因此从分辨率角度上来说电视成像导引头的优势比雷达导引头的大。

2. 电视自动寻的制导系统

电视自动寻的制导系统的特征是制导设备全部安装在导弹上,导弹的制导和控制指令由弹上装置形成。电视导引头一旦锁定目标,便能够自动跟踪目标并产生制导指令控制导弹飞向目标。这种"锁定后不管"的特性,非常适合于飞机对地面目标的攻击,其能确保飞机在发射导弹后及时脱离和规避。

电视自动寻的制导系统的工作过程是：首先由电视导引头拍摄目标和周围环境的可见光图像；然后从有一定光学反差的图像中人工识别和锁定目标；最后利用波门跟踪技术自动跟踪目标运动。当目标偏离波门中心时能够产生偏差信号，偏差信号一方面用于控制伺服稳定平台消除角度偏差以实现目标跟踪，另一方面用于形成制导指令来控制导弹的飞行。

电视自动寻的制导系统的显示器位于制导站（如载机、发射车等），其作用是使武器操作员在发射导弹时对目标进行搜索、识别和锁定。另外，有些电视成像制导系统还可利用导弹飞行中传回的图像进行跟踪、修正以及侦察。

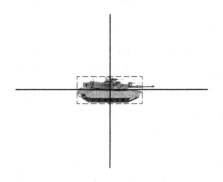

图 5-14　波门示意图

电视自动寻的制导的一个重要特点是使用波门跟踪技术。波门是指在摄像机所探测的整个景象中围绕目标所划定的范围，其示意图如图 5-14 所示。划定波门的目的是排除波门以外的背景和干扰信息，而只对波门内的目标相关信息进行处理。这不仅有效提高了目标的信号特征，也大大降低了图像处理的计算量，还避免了背景和干扰信息对目标跟踪的影响。

输出模拟信号的电视自动寻的制导系统包括光学成像系统、电视摄像机和伺服系统几部分，如图 5-15 所示。光学成像系统可以把视场内的光学图像成像在电视摄像机的靶面上。以常见的光电导摄像管摄像机为例，光电导摄像管摄像机将成像在靶面上的光学图像用电子扫描的方法转换为与扫描基准（通常为扫描的中点）有一定时延关系的视频信号；电视视频放大器（简称视放）将此视频信号放大、变换为适合进行自动跟踪目标的信号，并将信号送到位置检测电路，产生反映目标瞬时位置的误差；此误差电压可用来控制伺服系统驱动光学成像系统的光轴转动，消除光轴和瞄准线之间的角度误差，同时此误差电压也可用来控制舵机，使导弹飞向目标。

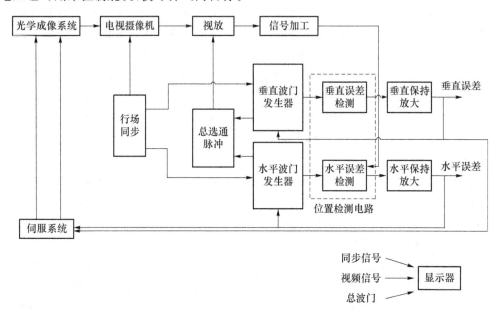

图 5-15　模拟成像电视自动寻的制导系统功能框图

数字成像电视自动寻的制导系统简化方框图如图 5-16 所示,其一般由电视摄像机、光电转换器、误差处理器、伺服机构、导弹控制系统和制导站的显示设备等组成。电视摄像机把被跟踪的目标的光学图像投射到光电转换器上形成数字图像或图像序列。误差信号处理器对图像信号进行处理和提取目标位置信息(方位误差信号和俯仰误差信号)。误差信号一方面用于形成制导信号,以控制导弹跟踪目标;另一方面又通过伺服机构带动电视摄像机转动,使其光轴对准目标,从而实现对目标的跟踪瞄准。

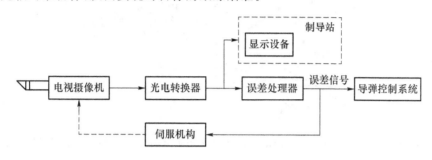

图 5-16　数字成像电视自动寻的制导系统简化方框图

采用真空成像器件的电视自动寻的制导系统所采集的图像信息为模拟视频信号(如电视的 PAL 制式或者 NTSC 制式),因此其信号处理电路也为模拟电路。采用固体成像器件的电视寻的制导系统所采集的图像信号一般为数字信号,其可以使用较为复杂的数字图像处理算法进行处理。因为数字图像处理的灵活性远优于模拟信号处理,所以现在的电视成像制导都广泛地采用固体成像技术。

随着 21 世纪以来固体成像器件的微型化和低成本化,固体成像器件广泛地应用于一些成本很低、体积很小的制导武器上,如微型导弹、便携式制导火箭弹和制导炮弹等。电视自动寻的制导的典型代表是美制 AGM-65A"幼畜"空地导弹,其导引头为外框架结构,电视摄像机与电子组件安装在内环上,外框架转动通过力矩器连杆驱动。为了保护易碎的光电器件,镜头与显像管之间涂有保护层,镜头上装有灵敏元件,导引头瞬时视场为 5°。AGM-65B 改进了镜头支架与电子设备,采用新的镜头使得瞬时视场减少为 2.5°,行扫线为 525 条,每条扫线所占角分辨率为 0.083 mrad,精度有所提高。同时,AGM-65B 增大了坐舱显示屏上的目标图像,使驾驶员在较远距离就能发现和锁定目标,从而减少了载机在目标区域暴露的时间。

图 5-17 所示为 AGM-65A/B"幼畜"空地导弹的电视自动寻的制导系统工作过程。首先由飞行员通过雷达或光学探测系统发现目标,随后飞行员操纵飞机使之对准目标;与此同时弹上摄像机将目标及背景的电视图像送至飞行员座舱的显示屏上,飞行员观察目标相对电视摄像机光轴的偏离情况。若目标处于摄像机的光轴上时,则显示屏幕上的目标正好在十字线中央;若目标偏离摄像机的光轴,则显示屏幕上的目标偏离十字线中央。当目标偏离时,飞行员操纵调节旋钮,使摄像机的光轴转动以对准目标;同时,飞行员可调节摄像机光学系统的焦距,使目标影像的尺寸合适。在满足导弹发射条件的情况下,飞行员按下"锁定"按钮,摄像机便可自动跟踪目标,导弹即可发射。导弹发射后,导弹制导系统能够自动跟踪目标和控制导弹,此时飞机可以脱离,实现"发射后不管"。

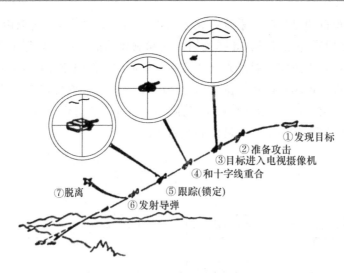

图 5-17　AGM-65A/B"幼畜"空地导弹的电视自动寻的制导系统工作过程

3. 电视遥控制导系统

电视遥控制导系统的特征是制导指令形成装置不在导弹上,而在制导站上,电视摄像机可以在导弹或者制导站上。通常,电视摄像机拍摄的可见光图像显示在制导站的显示屏上;武器操纵员通过观察显示屏上的目标信息,根据相应的制导规律给飞行中的导弹发出制导指令;导弹收到制导指令后,由控制系统驱动弹上执行机构动作,控制导弹飞向目标。

电视遥控制导系统有两种实现方式:一种称为电视指令遥控制导,其主要特征是摄像机安装在导弹头部,制导系统的测量基准在导弹上,应用这种制导方式的导弹有英、法联合研制的"玛特尔"空地导弹、美国的"秃鹰"空地导弹、以色列的"蜂蛇"反坦克导弹等;另一种称为电视跟踪遥控制导,其特征是摄像机安装在制导站上而不在导弹上,制导系统的观测基准在制导站上,应用这种制导方式的导弹有法国的"新一代响尾蛇"地空导弹和中国的"红箭"-8反坦克导弹。这两种遥控制导的共同点是制导指令在导弹外的制导站上形成,遥控导弹根据指令修正飞行弹道。下面简单介绍这两种制导方式的工作原理。

(1) 电视指令遥控制导系统

电视指令遥控制导系统由弹上设备和制导站两部分组成,主要用于射程较远的非视线瞄准导弹,如图 5-18 所示。弹上设备包括摄像机、电视发射机、电视接收机等。制导站上有电视接收机、指令形成装置和指令发射机等。

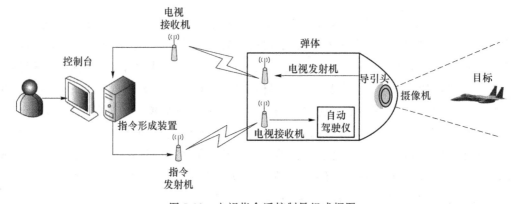

图 5-18　电视指令遥控制导组成框图

导弹发射以后,摄像机不断地拍摄目标及其周围的图像,通过电视发射机发送给制导站;操作员从电视接收机的屏幕上可以看到目标及其周围的景象。操作员根据目标影像偏离情况控制操作杆形成制导指令,由指令发射机将制导指令发送给导弹,以纠正导弹的飞行方向。以上是早期的手动电视指令遥控制导方式,主要用于攻击固定目标或者大型慢速目标。这种制导方式包含两条信息传输线路:一条是从导弹到制导站的目标图像传输线路;另一条是从制导站到导弹的遥控线路。目标图像传输线路可以采用无线传输方式,也可以采用有线传输方式,如法、德联合研制的"独眼巨人"(Triform)采用光纤有线传输双向传输图像和指令,如图 5-19 所示。

图 5-19 "独眼巨人"光纤传输电视指令遥控制导

电视指令遥控制导系统的优点在于:随着导弹上的摄像机与目标之间的距离逐渐减小,成像逐渐清晰;人工识别目标可靠性好,制导精度高。但是其缺点也很明显:首先无线传输信道易受敌方的电子干扰,而有线传输线限制了导弹的射程、速度和机动性等;其次制导过程需要人工参与,多采用追踪法制导,操作人员负担较大。后来,电视指令遥控制导在指令形成方面也进行了改进,即目标一旦由人工锁定,对目标的跟踪和制导指令的形成就交由制导站的计算机自动完成,这样就大大降低了操作人员的工作负担。

(2) 电视跟踪遥控制导系统

电视跟踪遥控制导系统将摄像机安装在制导站上,导弹尾部装有曳光管,由制导站测量导弹和目标之间的偏差,其主要用于射程较近的导弹。当目标和导弹同时出现在摄像机的视场内时,摄像机探测导弹尾部曳光管的闪光,并自动测量导弹位置与电视瞄准轴的偏差信息;这些偏差信息被发送到制导计算机,经过计算形成制导指令,并由指令发射机发给飞行中的导弹,从而使导弹沿着电视瞄准光轴飞行。电视跟踪遥控制导系统组成框图如图 5-20 所示。

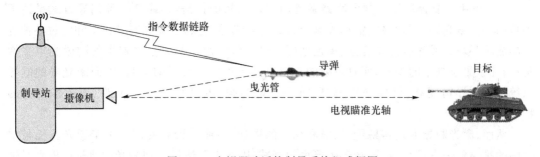

图 5-20 电视跟踪遥控制导系统组成框图

电视跟踪遥控制导系统通常与雷达跟踪系统联合使用,电视摄像机光轴与雷达天线瞄准轴保持一致,在制导中相互补充。在夜间或能见度差时用雷达跟踪系统,当雷达受干扰时使用电视跟踪系统,这样可以大大提高制导系统的综合作战性能。

我国的"红箭"-8L反坦克导弹采用了电视跟踪遥控制导系统。其通过电视或热成像仪测量导弹(尾部曳光管)的角度并形成制导指令,然后由导线传输制导指令到飞行中的导弹。该系统白天射程为100～4 000 m,夜间射程为100～2 000 m,命中概率大于90%。导弹采用潜望瞄准、卧姿发射,便于射手隐蔽发射,战场生存率高,昼夜使用同一目镜即可完成瞄准发射动作。

电视跟踪遥控制导系统的优点是弹上不需要安装任何制导装置,只需执行制导站发送的制导指令,因此其结构简单、成本低廉。其缺点是通常采用三点法制导,制导误差随着距离的增加而增大,只适用于近距离制导;此外,导弹尾部安装曳光管作为导弹位置指示信标,如果敌方获知曳光管的发射频率和编码,则可在目标上安装干扰曳光管,从而造成电视测角偏差以致导弹脱靶。

5.4.2 激光制导系统

1. 激光制导原理

激光制导系统是使用激光作为跟踪或传输信息的手段,解算导弹偏离目标位置的误差量,形成制导指令修正导弹飞行的制导系统。激光制导系统与雷达制导系统、红外制导系统和电视跟踪遥控制导系统所使用的信息探测介质不同,但同属导弹的末制导系统。

激光制导武器在历次局部战争中显示出了强大的战斗力,尤其适合在空军对地面固定目标的轰炸中使用。据美国统计,轰炸一个地面固定目标,在第二次世界大战时要投掷约9 000枚炸弹,在20世纪60年代的越南战争时需要200枚,而1991年的海湾战争时1～2枚激光制导炸弹即可完成任务。海湾战争中所使用的激光制导导弹,其命中精度已经达到圆概率误差0.5 m,取得了十分惊人的实战效果。

激光制导的特点与激光本身的优异特性是分不开的,主要体现在以下几个方面。

(1) 制导精度高。激光制导武器可用于攻击固定或活动目标,寻的制导精度一般在1 m以内,而且武器的首发命中率极高,是目前其他制导方法难以达到的。

(2) 抗干扰能力强。激光必须由专门设计的激光器产生,因而不存在自然界的激光干扰。由于激光的单色性好、光束的发散角小,因此敌方很难对制导系统实施有效干扰。

(3) 可用于复合制导。制导武器系统用于远程精确打击,单靠某一种制导方式是达不到目的的。激光制导与红外、雷达等制导方式复合制导,有利于提高制导精度和应付各种复杂的战场环境。激光有方向性强、单色性好、强度高的特点,所以激光器发射的激光束发散角小,几乎是单频率的光波,而且发射的光束截面上集中了大量的能量,因而激光寻的制导系统具有制导精度高、目标分辨率高、抗干扰能力强、可以与其他系统兼容、成本较低的特点。

然而,激光制导方式容易受云、雾和烟尘的影响,不能全天候使用。由于激光波长与空气中的雾霾粒子直径相当,这会产生严重的衰减,因此需要通过增加激光的波长以提高对烟尘和雾霾的穿透能力。

激光制导目前主要有三大类：激光半主动制导、激光主动制导和激光驾束制导。目前应用最多的是激光半主动制导和激光驾束制导，而激光主动制导因为激光图像构建的困难还处于研制阶段，仅有个别样机进入实验阶段。

(1) 激光半主动制导

激光半主动制导利用制导站的激光照射器照射目标，导弹导引头接收目标反射的激光回波信号，来获取目标方位信息，从而控制导弹飞向目标。由于制导站的激光照射器可以安装在发射平台或者在其他友军处，因此激光半主动制导使用非常灵活。但是激光半主动制导中激光在导弹飞行过程中必须一直照射目标，容易暴露照射方；此外，激光半主动制导将目标作为点目标处理，因而不具备自动识别和抗激光主动干扰的能力。激光半主动制导由于技术成熟、成本较低和命中精度高的特点，是目前装备最多的制导方式，常见的激光制导武器有激光制导炸弹、激光制导空地导弹和激光制导炮弹。比较典型的有美制 AGM-65C "幼畜"空地导弹、AGM-114A"海尔法"反坦克导弹、M172"钢斑蛇"炮射导弹和"宝石路"制导炸弹等。

(2) 激光驾束制导

激光驾束制导是一种波束制导方法，这种制导系统的基本原理是让激光波束中心对准目标，导弹在激光波束中飞行。理论上，只要激光波束对准目标，导弹沿着激光波束中心线飞行就一定能击中目标。这种制导方法优点是：导弹前部没有导引头，只在尾部安装激光接收器，因此结构简单、成本低廉；导弹直接接收己方照射的激光，因此对激光照射功率的要求比激光半主动制导低，且抗干扰能力更强。激光驾束制导的缺点是需要制导站一直照射，导弹按照三点法飞行，不适合攻击高速移动的目标。激光驾束制导的导弹头部不需要安装导引头，这适合反坦克导弹(安装具有串联战斗部的穿甲弹头)，如俄罗斯的"短号"反坦克导弹、"菊花"反坦克导弹和瑞典的 RBS-70 地空导弹。

(3) 激光主动制导

为了实现激光制导的自动识别和提高抗干扰能力，激光主动制导成为未来激光制导的主要发展方向。激光主动制导的本质是将激光发射器安装在导弹上，并主动向外发射激光以实现对目标的探测、识别和跟踪。但是由于被攻击目标一般不会主动发出激光，因此激光主动制导首要解决的问题是"如何实现对目标的探测和自动识别"，而要实现复杂环境中的目标识别就只能利用激光成像技术。但是激光主动制导系统的激光发射与接收装置位于相同的位置，而大气中的微粒会对激光产生强烈的后向散射，从而使探测器无法分辨由目标反射的回波信号，如图 5-21 所示。正是这些原因使得激光主动制导特别是激光主动成像技术遭遇了严重的技术困难。美国 LOCAAS 空地导弹使用了激光主动成像技术。

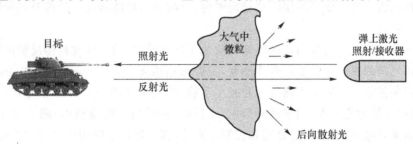

图 5-21 大气后向散射对激光主动成像的影响

可以看出，无论激光制导系统采用何种方式，其本质都是采用激光作为介质获取目标信息并实现导弹的制导。下面对技术较为成熟的激光半主动制导和激光驾束制导进行介绍。

2. 激光半主动制导系统

激光半主动制导系统的导引头与激光照射器是分开放置的。激光照射器被用来指示目标，故又称激光目标指示器；弹上激光导引头利用从目标漫反射的激光回波，实现对目标位置的测量，从而控制导弹飞向目标，如图 5-22 所示。

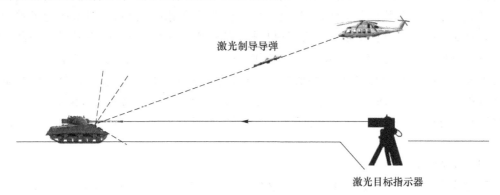

图 5-22　激光半主动制导示意图

激光半主动制导的优点是：制导精度高，抗干扰能力强，结构简单，成本较低，能对付多个目标，容易实现模块通用化。其缺点是：目前可用的激光波长种类太少，容易被敌方侦测和对抗；需要对目标实施主动照明，增加了被敌人发现和反击的概率；使用受气象条件的限制，在复杂战场环境中的实用性较差。

一般军事目标（战车、飞机、碉堡等）对照明激光束的反射率与观察方向有关，故通常存在一个以目标为顶点、以照明光束方向为对称轴的圆锥形角空域。激光半主动制导导弹必须投入此角域内，导引头才能搜索到目标，此角域常被称为"光篮"。目标表面越光滑，则"光篮"开口越小，导弹被投入光篮越困难；目标表面越粗糙，则"光篮"开口越大，导弹越容易进入"光篮"。

（1）激光半主动制导系统组成

如图 5-23 所示，激光半主动制导系统主要包括激光目标指示器、激光半主动导引头、制导控制系统等部分。激光目标指示器要求保持对目标实施稳定的照射，否则可能引起导弹的脱靶，因此手持式激光指示器一般只能用于攻击静止目标，而攻击运动目标时需要有方位、俯仰机构和稳定系统，以实现对活动目标的跟踪和角位置测量。特别地，机载、车载、舰载的激光目标指示器还要采用陀螺仪稳定平台，以确保当载体运动和颠簸时，激光束总能稳定地对准目标。

激光半主动导引头通常用球形整流罩封装于导弹前端，用于接收目标反射的激光，测量目标和导弹之间的视线角偏差或者角速度，主要包括激光接收光学系统、光电探测器、放大和运算处理装置等。为便于探测目标和减小干扰，激光半主动导引头通常装有大小两种视场。大视场（一般为几十度）用于搜索目标，小视场（一般为几度或更小）用于跟踪目标。处理电路包括解码电路、误差信号处理和控制电路等，其中解码电路用于保证与激光目标指示器的激光编码相匹配。

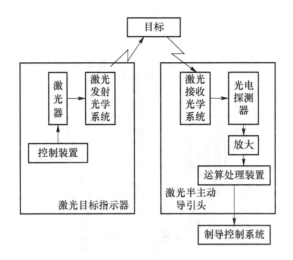

图 5-23 激光半主动制导原理图

AGM-114A"海尔法"(也译成"地狱火")导弹是激光半主动制导导弹的典型代表,主要用于攻击坦克、各种战车、雷达站等地面军事目标。图 5-24 是 AGM-114A"海尔法"导弹激光半主动导引头的结构示意图。其采用陀螺稳定方式,陀螺动量稳定转子由安装在万向支架上的永久磁铁、机械锁定器和主反射镜等构成,这些部件一起旋转增大了转子的转动惯量;滤光片、激光探测器和前置放大电路共同安装在内环上,内环可随万向支架在俯仰和偏航方向的一定范围内转动,但不可随陀螺转子滚转。目标反射的激光脉冲经头罩后由主反射镜反射,聚集在不随陀螺转子转动的激光探测器上。光路中的主要光学元件均采用了全塑材料(聚碳酸酯),同时头罩上有保护膜防止划伤。主反射镜表面镀金以增加对红外激光的反射能力。机械锁定器用于在陀螺静止时保证旋转轴线与导引头的纵轴重合。这样,运输时转子可保持不动,旋转时可保证陀螺转子与弹轴的重合。陀螺框架有±30°的框架角,设有一个软式止动器和一个碰和开关以限制万向支架,软式止动器装于陀螺的非旋转件上,当陀螺倾角超过某一角度时,碰和开关闭合,给出信号,使导弹轴转向光轴,减小陀螺倾角,避免碰撞损坏。

导引头外壳内侧装有 4 个调制圈、4 个旋转线圈、4 个基准线圈、2 个进动线圈、4 个锁定线圈和 2 个锁定补偿线圈,其用途和配置与 AM-9B"响尾蛇"空空导弹的导引头非常相似。

(2) 激光半主动探测原理

目前,激光半主动制导的目标指示器多采用波长为 $1.06\mu m$ 的不可见激光,故导引头的激光探测器主要使用对 $1.06\mu m$ 波长敏感的锂漂移硅光电二极管。其中,四象限式探测器组件具有技术成熟、性能优越、稳定可靠等特点,因此导引头中常用这种方式的激光探测器。四象限式探测器组件由 4 个相互独立的光电二极管组成,这些光电二极管以光学系统的轴线为对称轴,置于焦平面附近。目标反射的激光能量经光学系统后会聚于四象限元件上,光电二极管测定目标相对于导引头光轴的偏差角。其原理如下:四个象限中各有一个光电二极管,如图 5-25 所示,其分布以光轴为对称轴,位于光学系统后的焦平面处。若目标在光轴方向,则其成像光斑是以光轴为对称轴的圆形,四个相互独立的光电二极管(性能相同)接收到相等的激光能量;若目标偏离光轴,光斑中心就不在光轴,四个二极管被光斑覆盖的面积便不相同,其输出的光电流不再一样。

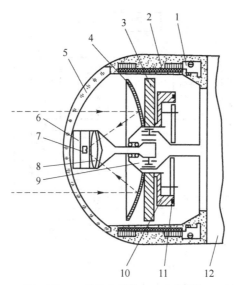

1—碰和开关；2—软式止动器；3—永久磁铁；4—主反射镜；
5—头罩；6—前置放大电路；7—激光探测器；8—滤光片；
9—万向支架；10—机械锁定器；11—章动阻尼器；12—电子舱。

图 5-24　AGM-114A"海尔法"导弹激光半主动导引头的结构示意图

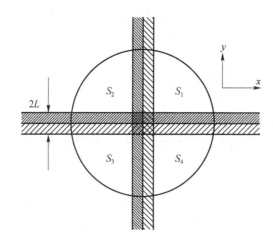

图 5-25　四象限式探测器上的光斑分布

四象限光电二极管输出信号的形式可以是"有-无"式的,也可以是线性的。"有-无"式的信号只反映某象限有无信号;线性的信号能体现四个象限上光斑照射面积的不同。线性方式根据不同象限内光斑面积的不同,可以解算出目标偏离光轴的角度误差,这种方式的测量精度较高,因此常用于导弹的半主动制导系统中。

如图 5-25 所示,假设激光回波光斑是半径为 r、亮度均匀的圆形,其落在四个象限中的光斑面积分别为 S_1、S_2、S_3 和 S_4,则光斑中心相对于探测器中心在 x 和 y 方向的偏移量分别为

$$x = \frac{\pi r^2 - 8rL + 4L^2}{4(r-L)} x_1 \qquad (5-25)$$

$$y=\frac{\pi r^2-8rL+4L^2}{4(r-L)}y_1 \tag{5-26}$$

其中：

$$x_1=\frac{S_1+S_4-S_2-S_3}{S_1+S_2+S_3+S_4}, \quad y_1=\frac{S_1+S_2-S_3-S_4}{S_1+S_2+S_3+S_4}$$

四个光电二极管之间要相互隔离，图 5-25 中宽度为 $2L$ 的阴影区域是四个半导体二极管之间的隔离沟道，其对激光信号没有响应。实际上，光斑中心位置偏移的解算通常采用和差方法，如图 5-26 所示。

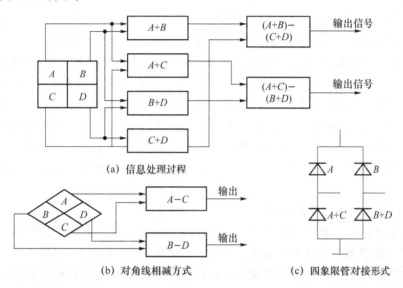

图 5-26 四象限元件的定向原理

采用四象限的激光半主动探测器结构简单、成本低廉，但对四个象限元件的一致性要求很高，而且对灵敏度、响应速度和暗电流都有一定的要求。特别是当四个象限探测器面积较大时，这种不一致性会严重影响探测精度。但若四个半导体二极管面积太小，则会限制导引头的瞬时视场。为了解决这一问题，人们提出了八象限探测器，即中心采用四象限探测器进行高精度测量，在四象限探测器周围又安装四个面积较大的环状半导体二极管。虽然外围四个环状探测器测量精度不高，但能有效扩大导引头的瞬时视场，从而提高导引头的搜索范围；当目标视角接近光轴时，又可以利用中心的四象限式探测器进行精确测量。

3. 激光驾束制导系统

（1）激光驾束制导原理

激光驾束制导属于"视线"式制导范畴，主要用于地面防空和地对地以及直升机对地作战。

激光驾束制导系统需要一个跟踪瞄准装置和激光照射器。前者保持对目标的跟踪和瞄准，后者则不断向目标(或预测的前置点)发射经过调制编码的激光束(下称编码激光束)。导弹沿瞄准线发射并被笼罩于编码激光束中，导弹尾部的激光接收机从编码激光束中感知自己相对于光束中心线的方位。经过弹上计算机解算和电信号处理，形成修正飞行方向的控制信号，使导弹沿着瞄准线飞行。因为瞄准线一直指向目标，故导弹总是沿瞄准线前进。只要瞄准并保持对目标的精确跟踪，激光束中心线就可始终对准目标，从而使得导弹击中目标。激光驾束制导示意图如图 5-27 所示。

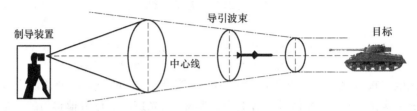

图 5-27 激光驾束制导示意图

激光驾束制导可实现测量与传输一体化,地面和弹上制导设备简单,探测方便,且最小攻击距离小,可攻击多种类型的目标。此外,由于导弹上的激光接收装置位于导弹尾部,只接收制导机构发射的激光,因此与激光半主动制导相比,激光驾束制导具有更好的抗干扰性且作用距离远。然而,激光驾束制导也存在着不足:首先,在攻击过程中制导站必须始终照射目标,因此制导站容易暴露;其次,激光束易被大气吸收和散射,同时易受空间环境(烟尘污染)和气象条件(云、雾、雨、雪等)的影响,加上激光照射器功率的限制,其射程不如毫米波驾束制导远;最后,制导精度要求导引激光束截面不能过大,为了保证导弹不飞出光束,就必须限制瞄准视线的角速度。因此,激光驾束制导面对直升机等高速移动的目标时就显得"力不从心"。

(2) 激光驾束制导的编码原理

激光驾束导弹在光束内飞行,必须知道其在光束中的位置,因此对光束的编码和导弹对光信号的解码是激光驾束制导的关键。和任何电磁波一样,激光辐射的特征可以用波长、相位、振幅(或强度)、偏振四个参数来表示。因为利用光频或光相位实现空间调制编码较为困难,所以主要利用光束强度和偏振来编码。

使光束强度包含方位信息的方法有很多,这些方法统称为空间强度调制编码。具体地说,就是用不同的调制频率、相位、脉冲宽度、脉冲间隔和偏振等参数实现编码。以下简单介绍几种光束空间编码方案及原理。

① 条带光束扫描

如图 5-28(a)所示,在投射激光束的横截面内,用互相正交的两个矩形条带光束交替地扫描。当条带扫过 $y=z=0$ 坐标位置时,发射同步信号光束(正方形光斑)。当导弹处于光束横截面内的不同位置时,弹尾激光接收机探测到条形扫描光束的时刻不同。将其与同步基准信号比较,即得到导弹相对于光束中心线的方位信息,据此可提取误差信号形成纠偏指令,控制导弹飞行。

② 飞点扫描

如图 5-28(b)所示,采用一条很细的光束在与瞄准线正交的平面上做方位扫描和俯仰扫描。在透射光束的横截面上都可探测到由扫描细光束形成的小光斑,依据弹上接收机探测到该光斑的时刻,可以提取导弹相对于瞄准线的方位信息。由于扫描光斑很小,在同扫描线上,光斑会两次(往返各一次)通过同一点,根据两次到达的时差即可确定导弹的方位。由于这种方法无需借助专门的基准信号,因此对扫描速率偏差要求较低,同时光束能量非常集中,扫描范围易于控制,具有一定的优势。与其类似的还有螺旋线扫描、玫瑰线扫描、圆锥扫描等。

③ 空间相位调制

如图5-28(c)所示,借助空间相位和空间光束脉冲宽度的分布提取导弹相对于瞄准线的方位,这种方法叫作空间相位调制。它利用具有一定透光图案的调制盘旋转提供光束横截面内的方位信息。

④ 空间数字化调频编码

如图5-28(d)所示,采用调制盘(或其他元件)使光束横截面内的不同部位具有不同的光脉冲频率,并表现为数字信号,使得当导弹处于横截面的不同位置时,弹上接收机探测到的数字信号不相同,这种数字信号表示了不同的方位信息。

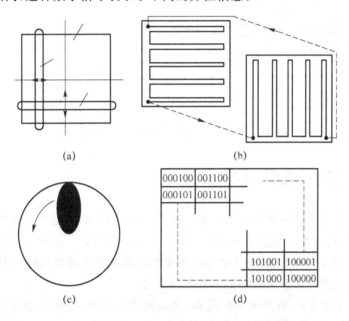

图5-28 光束空间编码方案

无论激光驾束制导的光束空间编码方案如何不同,其本质都是让导弹在光束中飞行时能测量自身相对光束中心的位置。编码分辨率决定了导弹偏离光束中心的理论精度;光束编码不能过多,否则会使得激光扫描周期延长。激光驾束制导的缺陷是导弹目标和制导站构成三点法制导,这种制导方法随着距离的增加使误差增大,只适合近距离导弹使用。但是,近年来人们开始利用激光驾束制导系统不需要导弹头部的优势,将激光驾束与红外导引头复合使用,使得导弹的飞行距离变远,飞行速度加快,同时还具备自寻的制导精度高的优点。

美国和瑞士联合研制的ADATS"阿达茨"防空武器系统是激光驾束制导和电视指令遥控制导的复合典范,其防空导弹制导示意图如图5-29所示。其发射后的前半段主要采用电视指令遥控制导,即发射器上的电视摄像机或$8\sim12\mu m$波段的前视红外仪测量飞行导弹的位置,并通过激光遥控指令控制导弹飞行。前视红外仪的灵敏度很高,是ADATS"阿达茨"防空武器系统的主要光电传感器。电视摄像机装在前视红外仪附近,其分辨力比前视红外仪稍高些,一般作为攻击地面目标的主要跟踪传感器。后半段采用激光驾束制导,其采用工作在$10\mu m$波段的CO_2激光器产生连续波编码激光波束。在激光驾束制导阶段,激光照射光束进行变焦以确保光束大小近似不变。这种串联复合制导的优点在于:导弹初始发射时,由于发动机产生的烟雾较大可能会遮挡激光光束,因此采用非直线弹道的遥控指令制导可以避免烟雾的干扰,同时能够避免过早被敌方激光告警装置发现。

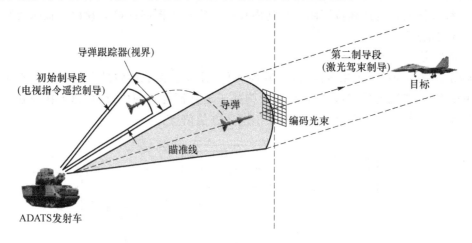

图 5-29　ADATS"阿达茨"防空导弹制导示意图

5.4.3　红外成像制导系统

红外成像制导系统是一种智能型的制导系统,其利用目标的红外辐射所形成的红外图像进行实时处理,从而在复杂的背景和干扰中发现和识别目标。由于这种制导方式能够区分目标的红外辐射分布和形状,比非成像红外制导系统具有更强的目标识别和抗干扰能力,因此已经成为现代制导武器常使用的一种制导方式。

20 世纪 80 年代以来,红外成像探测器、高速微型处理器、图像处理及图像跟踪技术的飞速发展,为红外成像制导系统的发展奠定了基础。特别是 128×128 分辨率以上的锑化铟或碲镉汞面阵探测器件的研制成功和 $8\sim14\,\mu m$ 波段远红外探测器的工程化,大幅提高了红外制导系统的目标探测距离和探测分辨率。

红外成像制导系统具有较高的抗干扰能力、真正意义上的全向攻击能力以及"发射后不管"能力。红外制导武器的典型代表有美国的 AIM-9X、英国的 ASRAAM、法国的"麦卡"改进型、以色列的"怪蛇"-4 和俄罗斯的 AA-11"射手"等空空导弹,以及北约的"崔格特"、美国的 AGM-114"海尔法"改进型和"标枪"等反坦克导弹。

1. 红外成像制导系统原理

红外成像是一种实时扫描目标红外辐射的成像技术,其通过探测目标和背景间微小的辐射强度差异或辐射频率差异形成红外辐射分布图像。其基本原理是将景物表面温度的空间分布情况变成按时序排列的电信号,并以可见光的形式显示出来,或将其用数字化的形式存储到弹上图像处理系统中。弹上图像微处理器根据相应的目标识别和跟踪算法从目标图像中提取目标位置信号,驱动导引头跟踪系统跟踪目标并控制相应执行机构将导弹引向目标。

红外成像导引头根据是否制冷可分为制冷型和非制冷型两种类型。制冷型的探测灵敏度很高,多用于远红外波段的常温目标探测;非制冷型的探测灵敏度较低,多用于中远红外波段的较高温目标探测。此外成像导引头为了保证成像质量的清晰,多数都采用具有稳定伺服机构的稳定平台或者半捷联平台。无论这些成像导引头结构如何,其组成功能基本相似,都是由整流罩、光学系统、成像探测器、图像处理系统和制导控制计算机构成的,有些还有稳定平台和制冷系统,如图 5-30 所示。其中,红外成像制导系统的光学系统和成像探测器针对成像功能设计,光学系统多为能够不改变目标形状特性的透镜系统,成像探测器多为阵列式探测器或者通过扫描方式成像的探测器。图像处理系统的主要功能是将采集的原始图像进行适当的处理,提高信噪比,并区分出目标与背景,从而获得目标的位置信息。

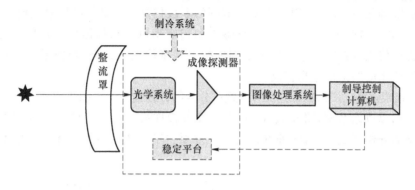

图 5-30 红外成像制导系统的一般组成

一般说来,红外成像导引头主要工作在长波的 8~12 μm、中波的 4~5 μm 这两个波段。长波红外波段通常可提供所有常见背景的图像,尤其适用于北方地区或对地攻击,但对南方湿热地区或远距离(大于 10 km)海上目标、空中目标,目标热辐射将逐渐转向中波红外波段。针对远距离海上目标或热带区域目标,使用中波红外波段探测较为有利。中波、长波红外工作波段选择比较如表 5-1 所示。

表 5-1 中波、长波红外工作波段选择比较

气象条件	近距(<4 km)地面目标	远距(>10 km)海上或空中目标
一般气象	8~12 μm	4~5 μm 或 8~12 μm
高温高湿	4~5 μm 或 8~12 μm	4~5 μm

红外成像制导系统从 20 世纪 70 年代开始,到目前为止已经发展了两代制导系统。第一代红外成像制导系统利用光机扫描方法实时获得图像,典型的型号有美国的"毒刺"改进型(Stinger RMP)、AGM-84E"斯拉姆"空地导弹、AGM-65D/F"幼畜"空地导弹和苏联的"萨姆 13"地空导弹。第二代红外成像制导系统采用凝视红外焦平面阵列成像,其结构简单、紧凑,工作可靠,典型代表有欧洲联合研制的远程"崔格特"反坦克导弹、美国的"标枪"和"海尔法"改进型反坦克导弹。

随着红外凝视成像器件工艺水平日益成熟和批量化,商品化的长波探测器分辨率已达到 128×128 像素,中波探测阵列到达 256×256 像素,并且成本也大大降低。此外,随着红外成像导引头向着多光谱化、高分辨凝视、智能化、轻型化和通用化发展,目前越来越多的导弹制导弹药和空间武器都开始大量使用红外成像制导方式。

2. 红外成像方式

成像可将原来的点目标转换为面目标图像,其中如何由红外探测器形成复杂红外图像

是系统关键问题。目前,红外成像制导武器主要采用两类成像方式,即红外扫描式成像系统和红外凝视成像系统,此处仅介绍红外扫描式成像系统。

红外扫描式成像系统按照对成像分解的方式不同可分为三类:光机扫描成像系统、电子束扫描成像系统(如显示屏接收的视频光栅成像系统)及固体自扫描成像系统(如固体面阵CMOS摄像接收器件等)。

(1) 光机扫描成像系统

光机扫描成像系统的原理是使用一个固定的小型红外探测单元接收辐射,通过改变入射扫描反射镜的偏转角度,实现对大视场范围的顺次扫描。其基本结构组成包括光学系统、探测器、信号处理电路和扫描器等。扫描器由扫描驱动机构和扫描信号发生器构成,其中,扫描驱动机构使光学系统在某一空间范围内按一定规律进行扫描,扫描运动的规律由扫描信号发生器产生的扫描信号来控制。

光机扫描成像系统按扫描器所在的位置可分为物方扫描和像方扫描两种方式。图 5-31(a) 所示为物方扫描成像系统,图 5-31(b) 所示为像方扫描成像系统。两者的区别在于扫描器在聚光透镜的外侧还是内侧,两种方式的效果差别在于对成像质量和光学系统的尺寸大小要求不同。

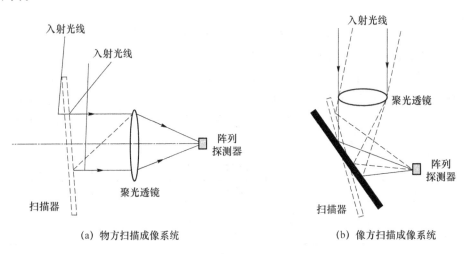

图 5-31 光机扫描成像光学系统

光机扫描成像系统的优点在于其通过扫描器的机械扫描实现大视场探测,从而使得用一个小型红外探测器即可实现大范围成像,降低了硬件成本和复杂度。但其带来的缺点是:一方面,在目标辐射特性和成像视场范围确定的情况下,要实现成像高帧频就必然要求光机扫描速度加快,而这会对扫描机构的动态特性提出很高的要求;另一方面,光机扫描速度过快,使得探测器对目标单位面积的探测时间减少,从而降低了信噪比,容易使得图像出现噪点。针对这个问题,在光机扫描成像系统中常采用多元探测器来提高信号幅值或降低扫描速度,进而提高光电成像系统的信噪比。

(2) 电子束扫描成像系统

电子束扫描成像系统采用各种真空类型的摄像管构成图像采集器,如热释电摄像管。在这种成像方式中,景物空间的整个观察区域在摄像管的靶面上同时成像,图像信号通过电子束检出。只有电子束触及的单元区域才有信号输出,摄像管的偏转线圈控制电子束沿靶面扫描,这样便能依次拾取整个区域的图像信号。电子束扫描方式的特点是光敏靶面同时接收整个视场内的景物辐射,由电子束的偏转运动实现对景物图像的分解。电子束扫描方式的原理类似于传统显像管电视机扫描的原理,这里不再详细介绍。

(3) 固体自扫描成像系统

固体自扫描成像系统采用的是各种面阵固体摄像器件,图 5-32 所示是固体串并混合自扫描器件,也是最简单的焦平面扫描积分型器件。面阵摄像器件中的每个单元对应景物空间相应的一个小区域,整个面阵摄像器件对应所观察的景物空间。固体自扫描成像系统的特点是面阵摄像器件同时接收整个视场内的景物辐射,并通过对阵列中各个单元器件的信号进行顺序采样来实现对景物图像的分解。

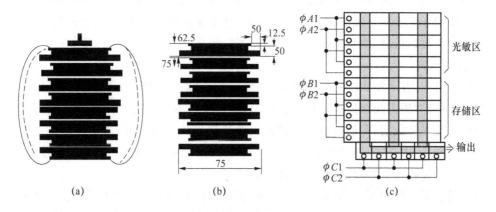

图 5-32　固体串并联合自扫描器件

3. 图像处理

图像处理是目标识别和跟踪的前期功能模块,包括 A/D 转换、图像滤波、图像分割、瞬时动态范围偏量控制、图像增强和阈值检测等。其中,图像分割是最主要的环节,它是目标识别、目标跟踪的基础。

1) 图像分割

图像分割是对图像信息进行提炼,把图像空间分成一些有意义的区域,初步分离出目标和背景,也就是把图像划分成具有一致特性的像元区域。所谓一致特性是指:①图像本身的特性;②图像所反映的景物特性;③图像结构语意方面的一致性。

图像分割是建立在相似性和非连续性两个概念基础上的,如图 5-33 所示。相似性是指图像同一区域中的像点是相似的,类似于一个聚合群。根据这一原理,可以把许多点分成若干相似区域,用这种方法确定边界,把图像分割开来。非连续性是指从一个区域变到另一个区域时发生某种量的突变,如灰度突然变化等,从而在区域间找到边界,把图像分割开来。

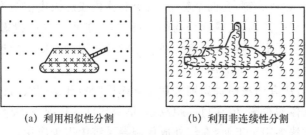

(a) 利用相似性分割　　(b) 利用非连续性分割

图 5-33　图像分割的两种方法

2) 图像滤波

图像滤波的目的有两个:一是平滑随机空间噪声;二是保持、突出某种空间结构。图像滤波属于空间滤波,与图像分割着眼于灰度、像元数分布不同,它着眼于灰度的空间分布,是一种结构方法。常用的方法是用 $K\times K$ 模板对全图像做折积运算。

3) 图像增强

图像增强的目的是使整个画面清晰,易于判别。一般采用改变高频分盘和直流分量比例的办法,提高对比度,使图像的细微结构和它的背景之间的反差增强,从而使模糊不清的画面变得清晰。

图像增强处理是从时域、频域或空域三方面进行的,无论从哪个域处理都能得到较好的结果。图像增强的实质是对图像进行频谱分析、过滤和综合。事实上,它根据实际需要突出图像中某些需要的信息,削弱或滤除某些不需要的信息。

4. 目标识别

要识别目标,首先要找出目标和背景的差异,对目标进行特征提取。其次是比较,选取最佳结果特征,并进行决策分类处理。其中,目标特征提取是关键。归纳起来,可供提取的目标物理特征主要包括:①目标温差和目标灰度分布特征;②目标形状特征(外形、面积、周长、长宽比、圆度、大小等);③目标运动特征(相对位置、相对角速度、相对角加速度等);④目标统计分布特征;⑤图像序列特征及变化特征等。

对导弹制导系统而言,红外成像导引头的识别软件必须解决点目标段(远距目标)和成像段(近距目标)的衔接问题;同时必须解决远距离目标很小,提供的像素很少时的识别问题。由于使用的识别算法与任务密切相关,因此这里只介绍几种常用的算法。

1) 大小识别

当目标在视场内占据一定大小时,可根据其几何尺寸判别真伪。目标的大小有两层意思:一是像元数;二是在水平 x 方向及垂直 y 方向各占多少像元。显然,在红外成像导头视场大小和目标距离已知的情况下,用简单的几何关系就可以推算出目标的真实大小。这种识别对尺寸数据的精度要求并不高,对距离数据的精度要求也不高,因此是一种简便易行的方法。

2) 形状识别

形状有两个含义:一是物体灰度的空间分布;二是外形轮廓。灰度空间分布识别有模板法和投影法两种。模板法是一种最原始的模式识别方法,它有较大的容错性,故在实际武器系统中仍被应用。投影法是用于成像导引的最简单而有效的方法。物体图像(可以是灰度差图,也可以经分割后的二值图)在 x、y 方向有两个投影,将两个投影归一化,然后按等灰度积累数或等像元积累数分割,在两个轴上,每个分格内投影长度占全投影长的百分比形成两个链码,用它们来代表该物体(或称为物体的特征)。工程上产生投影链码的专用硬件很容易制作,但是这种表征不是唯一的,有时两个不同的物体会有同样的投影。但这种非唯一性,并不影响它在制导识别上的应用。

外形轮廓识别方法有句法模式识别法和轮廓傅里叶展开识别法两种。不论采用哪种方法,都必须先求出物体的轮廓,但在目标距离远、信噪比低的情况下,要得到清晰的轮廓是困难的。因此,这种方法多用于工业,在红外成像制导系统中很少应用。

3) 统计检测识别

当目标很远、像点在图像中只占一两个像元甚至小于一个像元时,除了强度信息,没有形状信息可利用,对这样的目标的识别,只能应用统计检测方法。例如,使用 t 检验:

$$t = \frac{A - \bar{A}}{\sqrt{\dfrac{1}{n(n-1)}\sum_{i=1}^{n}(A_i - \bar{A})^2}} \tag{5-27}$$

其中,A 为被检测像元的灰度;A_i 为被检测点的邻域(共有 n 个像元)中第 i 个像元的灰度;$\bar{A}$ 为被检测点邻域的平均灰度。

根据 t 值的大小,按统计检测理论,可以确定该被检测像元与其他邻域中的点是否来自同一母体。若不是,则该点是目标;若是,则该点是背景。

t 检验是一个能力很强的统计参量检验,但它计算标准方差很费时间。如果时间允许,就可以用多帧图像进行检测,此时可使用序列检测技术。实际应用时,为了节省时间,算法都要进行简化,可行的算法有灰度相关算法和位置相关算法等。

4) 矩识别

矩识别依据物体的灰度空间分布提取出一类特征量用于识别。假设灰度分布为 $\rho(x,y)$,则中心矩为

$$M_{pq} = \iint (x - \bar{x})^p (y - \bar{y})^q \rho(x,y)\,\mathrm{d}x\,\mathrm{d}y \tag{5-28}$$

其中,$\bar{x} = \iint x\rho(x,y)\,\mathrm{d}x\,\mathrm{d}y \Big/ \iint \rho(x,y)\,\mathrm{d}x\,\mathrm{d}y$,$\bar{y} = \iint y\rho(x,y)\,\mathrm{d}x\,\mathrm{d}y \Big/ \iint \rho(x,y)\,\mathrm{d}x\,\mathrm{d}y$

矩识别具有以下性质:①对不同灰度分布图形,$\rho(x,y)$ 取值不同;②对同一图形,在经过平移、旋转及比例变化后,$\rho(x,y)$ 取值不变。它们是平移、旋转、变化三种变换的不变量,故被称作矩不变式。这种方法的主要缺点是运算量很大。

5) Hough 变换识别

Hough 变换的原意为 xOy 平面上的一条直线转换到另一平面上后变为一个点,如图 5-34 所示。将这一原理进行推广,如果打算识别物体 A,则可在 A 内任选定一点 a,然后在被识别像面上以物体轮廓上各点为 a 重画 A 轮廓线的全逆像(x,y 轴向双反射像)。显然,如果被识别物体就是 A,则重画的各轮廓线都会在相应的 a 点位置上相交,使该点取值最高;如果被识别物体不是 A,则不会有这样一个集中点出现。

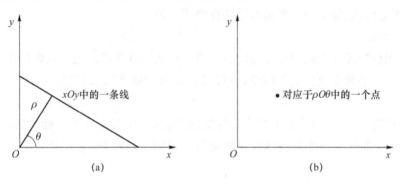

图 5-34 Hough 变换

Hough 变换识别具有如下特点:①不要求轮廓光滑,允许有断点,也可以不是轮廓,有抗噪声能力;②计算次数比形状识别中的模板法少,经简化后更少;③可以进行并行处理(现在有不少人在研究用专用并行处理机快速实现 Hough 变换)。

6) 直方图识别

只依据直方图进行目标识别,相当于统计中的分布检测,是非参量检测的一类,可以将其中的很多方法应用过来,如秩检验、科尔莫戈罗夫-斯米尔诺夫检验等。

7) 透视不变量识别

对一个物体视点的不同,即视线方向(方位、高低)及远近的不同反映为透视变换。如果一个特征量是透视不变的,则不管对目标的进攻方向及和目标间的远近如何,均可直接使用。

一种基于平面点集合的透视不变的描述方法是:对于基本处于同一平面上的一组点组成的点集,可以找出一组链码对它进行描述,点数越多,其唯一性越好。若点集在噪声干扰增加或丢失几个点时,依然能保持相当高的识别概率,则这种链码是透视不变的。这种透视不变特征码显然可以用于对位于地面上的大型结构(如飞机场、码头、军港等)的识别。

8) 置信度计算

在跟踪过程中,为了使用外推滤波技术,需要使用多帧目标位置信息,在有干扰或有遮挡情况下,不是每一帧信息都可靠和有价值,因此,由识别环节给每帧中的被跟踪物体一个"置信度",就是一个定量描述。这个量不难根据所用的识别方法给定。不过此时所用的识别方法可以相当简单,甚至可以直接由跟踪算法给出。

5. 目标跟踪

目标跟踪的工作过程大致有下述几步:

(1) 在捕捉目标后,给出目标所在位置(x_0, y_0)及目标的大小信息;

(2) 根据(x_0, y_0)值建立第一个跟踪窗,并在窗内计算目标本帧位置(x_1, y_1)、下帧窗口中心位置(xw_2, yw_2)、下帧窗口大小值(Lw_2, Hw_2);

(3) 在第i帧$(i \geqslant 2)$窗口内计算目标本帧位置(x_i, y_i),并根据前k帧目标位置信息$(x_i, y_i), (x_{i-1}, y_{i-1}), \cdots, (x_{i-k-1}, y_{i-k-1})$及各帧相应的"置信度"$\eta_i, \cdots, \eta_{i-k}$,计算下帧窗口中心位置$xw_{i+1}, yw_{i+1}$,及窗口大小$(Lw_{i+1}, Hw_{i+1})$。

目标跟踪的关键技术是跟踪算法。理论上讲,跟踪算法较多,如边缘跟踪、形心跟踪、矩心跟踪、峰值跟踪、相关跟踪、差分跟踪、自适应跟踪、记忆外推跟踪等。这里,对边缘跟踪、形心跟踪、矩心跟踪、峰值跟踪等跟踪算法作简要介绍。

1) 边缘跟踪

将目标图像边缘作为跟踪参考点的自动跟踪称为边缘跟踪。边缘跟踪的跟踪点可以是边缘上的某一个拐角点或突出的端点,也可以取为两个边缘(左、右边缘或上、下边缘)之间的中间点。

边缘跟踪简单易行,但它并不是个很好的跟踪方法,因为它要求目标轮廓比较明显、稳定,而且目标图像不能有孔洞、裂隙,否则会引起跟踪点的跳动;它也易受噪声干扰脉冲的影响。

2) 形心跟踪

把目标图像看成一块密度均匀的薄板,这样求出的重心称为目标图像的形心。形心的位置是目标图形上的一个确定点,当目标姿态变化时,这个点的位置变动较小,所以用形心跟踪时跟踪比较平稳,再加上其抗杂波干扰的能力强,因此是跟踪系统中用得最多的一种方法。

形心的定义为

$$\begin{cases} \bar{x} = \dfrac{1}{M}\iint\limits_{\Omega} x\,\mathrm{d}x\mathrm{d}y \\ \bar{y} = \dfrac{1}{M}\iint\limits_{\Omega} y\,\mathrm{d}x\mathrm{d}y \\ M = \iint\limits_{\Omega} \mathrm{d}x\mathrm{d}y \end{cases} \quad (5\text{-}29)$$

其中,$\bar{x},\bar{y}$ 为目标形心坐标,积分区域 Ω 为整个目标图像区。

3)矩心跟踪

矩心也叫重心、质心,是物体对某轴的静力矩作用中心。如果把目标图像看作一块质量密度不均匀的薄板,以图像上各像素点的灰度(图像信号的幅度)为各点的质量密度,如此便可借用矩心的定义式来计算目标图像的矩心。

矩心的定义为

$$\begin{cases} x_c = \dfrac{1}{M}\iint\limits_{\Omega} xV(x,y)\,\mathrm{d}x\mathrm{d}y \\ y_c = \dfrac{1}{M}\iint\limits_{\Omega} yV(x,y)\,\mathrm{d}x\mathrm{d}y \\ M = \iint\limits_{\Omega} V(x,y)\,\mathrm{d}x\mathrm{d}y \end{cases} \quad (5\text{-}30)$$

其中,x_c,y_c 为目标矩心坐标,$V(x,y)$ 为图像函数(图像上(x,y)处像素点的灰度),积分区域 Ω 为整个目标图像区。

比较矩心和形心的定义可知,二者的差别在于形心解算中图像函数 $V(x,y)$ 预先做了二值化处理,所以,可以说形心是矩心的一种特例。由此也看到,矩心解算不要求对图像函数 $V(x,y)$ 预先做二值化处理,减少了确定二值化门限的困难。

在矩心解算中,并不一定要求目标有鲜明的轮廓线。在某些应用场合,如空中目标,背景灰度比较均匀,如果采用了跟踪窗口,则积分可在整个跟踪窗口区域进行。

4)峰值跟踪

峰值跟踪是以目标图像上最亮点或最暗点作为跟踪参考点的一种跟踪方法。因为最亮点是图像函数的峰值点,最暗点是图像函数经倒相后(正负极性反转,成为负像)的峰值点,所以称为峰值跟踪。

峰值跟踪法能跟踪任意大小的目标图像,但它更适合跟踪小目标,因为对于大目标,目标图像上峰值点的位置经常变动,容易引起跟踪外环(随动系统)晃动。偶尔出现的孤立点噪声对跟踪系统的影响不大,一般不会造成目标丢失。

思考与练习

1. 什么是导弹?
2. 导弹各部分的组成及功能是什么?
3. 导弹制导系统的导引方法有哪些?
4. 电视成像制导系统的原理是什么?
5. 激光制导的特点是什么?
6. 激光驾束制导的原理是什么?
7. 寻的制导与遥控制导的本质区别是什么?

第6章 网络化协同火力控制系统

网络化协同火力控制系统是传统火力控制系统的功能延伸,其任务从单武器平台对单目标的侦察与打击,延伸到多武器平台对多目标的协同侦察与打击,简称网络化协同火控系统。

6.1 网络化协同火控系统概述

6.1.1 基本概念

网络化协同火控系统是指依靠战斗分队内武器平台与武器平台之间的火力协同运用网或者战术互联网,对作战任务内单个或多个目标进行协同搜索、协同跟踪,对多个武器平台提供的信息进行融合处理,形成决策方案,控制多个武器平台对战场上多个目标实施协同火力打击的分布式网络化综合火力控制系统。

6.1.2 网络化协同火控系统与传统火控系统的区别

相较于传统火控系统,网络化协同火控系统具有"信息化""网络化""多平台协同"的特点,在作战模式、作战使用以及信息运用等方面与传统火控系统具有显著区别。

1. 作战模式

网络化协同火控系统将原有的基于单武器平台的一对一的作战模式转变为基于多武器平台的多对多体系作战模式。传统火控系统将诸元解算、火炮射击以及火力打击效能评估等功能都集中于单武器平台,是典型的以单武器平台为中心的集中式、紧耦合式火控系统。网络化协同火控系统既可以像传统火控系统那样将所有功能都集中在单武器平台上,也可以把传统火控系统中的各个功能分布到战斗分队内其他平台上,通过战斗分队的火力运用网对搜索—跟踪—解算—打击—评估进行协同控制,在物理上实现跨平台协同控制,从而改变传统一对一的作战模式,向多对多的体系作战模式转变。

2. 作战使用

传统火控系统在战斗中只能在单武器平台上使用,使用方式较单一。网络化协同火控系统则可以根据战斗分队的实际情况和战斗中的具体任务来使用。可能的使用方式有两种:①多个同一类型的武器平台之间的协同火力控制,如两台坦克之间;②不同类型武器平台之间的协同火力控制,如坦克与步兵战车之间、坦克与无人化装备之间。

网络化协同火控系统可以根据协同对象的特点采用不同的协同方案进行火力协同。

3. 信息运用

传统火控系统在武器平台内部通过总线或信号线便可以完成信息传输,在车际间进行的信息交互较少。网络化协同火控系统需要在多平台之间实现信息资源共享、火控系统跨平台的实时互联互通,必须依靠高速、可靠的无线通信网络。另外,网络化协同火控系统还需要具备多车信息融合能力,能够对相邻武器平台火控系统的共享信息进行融合处理。

6.2 网络化协同火控系统体系结构

网络化协同火控系统是以分队内多个武器平台为控制对象的复杂控制系统。本节主要从系统视角描述网络化协同火控系统的体系结构,对系统实现的作战功能、系统内连接关系以及系统的信息流程进行阐述。

6.2.1 系统结构

网络化协同火控系统是在传统火控系统的结构和功能的基础上发展而来的,为了实现系统的信息化和多平台的协同火力控制,除对武器平台原有的火控计算机、武器控制、传感器、目标搜索和跟踪等传统火控系统进行信息化改造升级外,还增加了火力控制数据共享传输模块与车际武器协同火力控制模块。本节以在坦克火控系统基础上进行改造升级形成的网络化协同火控系统为例进行介绍。

改造升级后的网络化协同火控系统主要由火力协同数据链分系统、网络化协同决策分系统、多车协同控制分系统、人机交互分系统、目标搜索分系统、目标跟踪分系统、火控计算机分系统、炮控分系统、传感器分系统以及电源电气分系统等组成。下面根据网络化协同火控系统的组成结构,介绍各个分系统的组成与功能定位。系统的各个分系统可划分为车际控制和车内控制两大部分。车际控制部分主要用于多坦克车际间的协同控制,车内控制部分主要用于单坦克的车内控制。

1. 车内控制部分

车内控制部分由人机交互分系统、目标搜索分系统、目标跟踪分系统、火控计算机分系统、炮控分系统、传感器分系统以及电源电气分系统组成。其基本功能与传统火控系统一致,但为了配合车际控制部分进行车际协同作战,在网络化、信息化协同控制等方面做出了功能拓展,并对各分系统的信息接口进行改造升级。

人机交互分系统为坦克乘员提供车内各分系统的实时态势信息和人工干预渠道,为网络化协同决策分系统和多车协同控制分系统提供人机交互界面,提供车际控制时的监控界面和人为干预渠道。

目标搜索分系统具有自动搜索、识别目标的功能,能够获取目标属性等目标信息。

目标跟踪分系统依靠自身的跟踪设备对目标进行跟踪,获取目标的轨迹信息。

传感器分系统、目标搜索分系统和目标跟踪分系统一同为火控计算机提供射击诸元解算的实时数据。

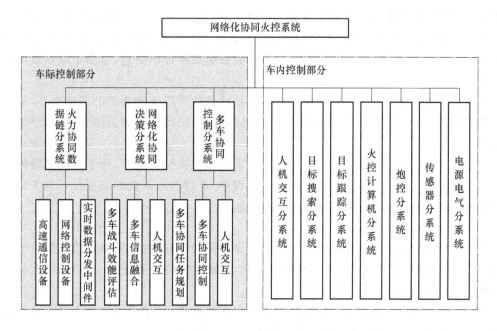

图 6-1　坦克网络化协同火控系统组成

火控计算机分系统除了要解算本车搜索捕获目标的射击诸元,还要为战斗分队内其他武器平台提供车际射击诸元解算服务。

炮控分系统用于调转火炮和稳定火炮,具有调速和稳定两种功能。

电源电气分系统为装备提供电源并进行电源管理。

2. 车际控制部分

车际控制部分由火力协同数据链分系统、网络化协同决策分系统和多车协同控制分系统组成。

(1) 火力协同数据链分系统

火力协同数据链是指实现各武器装备的互联互通、信息共享,利用高速、稳定可靠的无线信息传输网络,将战场上各武器平台火控系统紧密连接成"铰链"。火力协同数据链分系统由高速通信设备、网络控制设备以及实时数据分发中间件等组成,通过信息处理技术实现战场上各类信息数据的实时传输和分发,达到对编成内武器平台火力资源协同控制的目的。为了满足车际间协同作战的要求,火力协同数据链需要具有无线数据高速通行、实时数据分发和统一定时等功能。

(2) 网络化协同决策分系统

网络化协同决策分系统是指整合本车和其他武器平台获取的目标信息,根据上级任务、我方战斗分队武器装备状态、战场态势以及战场环境等因素,形成最优的火力打击方案,对多武器平台进行协同火力控制的分系统。

多车信息融合模块将本车和其他武器平台搜集到的目标信息进行融合处理,为协同任务规划提供目标轨迹和统一的目标标识,为形成协同火力打击方案提供必不可少的依据。

多车协同任务规划模块是系统的协同控制中心,主要任务是根据作战任务对战斗编成内各武器平台进行协同任务规划。多车协同任务规划的核心内容是协同打击方案的形成。

形成打击方案的依据来自以下几个方面：一是敌目标信息，由多车信息融合模块提供；二是我方武器平台(本车与其他武器平台)状态信息，由本车和其他武器平台提供；三是战场态势及环境信息，由本车与其他武器平台提供；四是敌目标威胁评估信息，由多车战斗效能评估模块提供。

多车战斗效能评估模块是对敌单个或多个目标进行作战效能评估的评估中心，根据本车与其他武器平台采集到的目标信息，分析敌目标属性、损毁程度和威胁度等级，评估其作战效能。

网络化协同决策分系统的人机交互模块是系统的人机交互接口，用于在形成协同打击方案的过程中或打击方案生成后的协同控制过程中，进行人和系统的交互及人为干预。人机交互模块通常被嵌入到车载指挥控制显示终端中。

(3) 多车协同控制分系统

多车协同控制分系统用于在进行多武器平台协同战斗时，按照网络化协同决策分系统下达的协同控制指令，对本车火控系统进行控制，以完成协同控制任务。该分系统包括人机交互模块，其核心是多车协同控制模块。

多车协同控制模块通过协同控制软件控制多个武器平台，进行协同搜索、协同跟踪、射击诸元协同解算、跨平台超越调炮以及协同效能评估等任务。

人机交互模块是系统的人机交互接口，具有监控系统和对系统进行干预的功能。

6.2.2 系统功能

网络化协同火控系统不仅可以实现传统火控系统的全部功能，还具有分队协同作战的诸多功能。图 6-2 所示为网络化协同火控系统的功能。

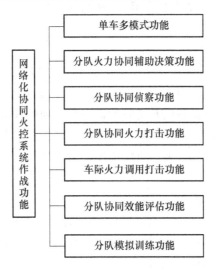

图 6-2 网络化协同火控系统的功能

1. 单车多模式功能

单车是战斗分队的基本单元，也是网络化协同火控系统的基础单元。单车模式的工作原理与现装备火控系统的工作原理基本相同，是实现网络化协同火力控制的基础。单车的车内控制部分可以使单车完成传统火控系统的全部任务,通过对单车火控系统进行网络化信息改造,单车的火控系统可以通过网络化协同控制实现车际的火力协同控制。

2. 分队火力协同辅助决策功能

网络化协同火控系统通过车内控制总线与火力协同数据链分系统实现分队协同辅助决策功能。分队火力协同辅助决策功能能够使分队在战斗中评估已捕获目标的威胁程度,并根据本级任务、本分队状况以及战斗态势合理地分配作战任务和打击目标,从而达到最优的火力打击效果。

在战斗中,分队火力协同辅助决策功能由网络化协同火控系统的指挥中心负责,指挥中心战损或故障时,可以自动迁移到战斗分队中的其他平台上,以保证分队的指挥控制在战场上不间断。

3. 分队协同侦察功能

网络化协同火控系统统一协调战斗分队内多个平台的目标侦察设备对战场目标进行搜索,可以实现战斗分队对战场上多个目标的搜索和捕获,通过网络化协同决策分系统的信息融合处理实现对战场态势感知的实时化。分队协同侦察获取的目标信息通过多车信息融合可以形成战场目标态势图和统一的目标轨迹信息,为分队火力协同辅助决策功能的实现提供决策依据,分队协同侦察功能又可以分解为人工协同侦察和自动协同侦察功能。

4. 分队协同火力打击功能

网络化协同火控系统通过火力协同数据链分系统的实时信息传输,可以使分队内不同地理位置的武器平台协调地进行目标搜索、跟踪、瞄准,协同控制不同平台上的武器对目标进行火力打击。分队内不同地理位置上的武器平台在战斗分队指挥中心的指挥控制下,通过火力协同数据链分系统、多车协同控制分系统的控制,实现作战区域内多武器平台实时协同火力打击。

5. 车际火力调用打击功能

车际火力调用打击是各武器平台之间自主进行的协同火力打击。比如,在网络化协同火控系统指挥中心的授权下,某武器平台(如 A 坦克)可超越调用其他一个或多个武器平台的火力,利用 A 坦克的观瞄装置、定位定向装置及其他车辆的定位定向装置,通过火力协同数据链分系统、多车协同控制分系统控制其他武器平台对目标进行打击。根据调用的方式,车际火力调用打击可分为远程调用集火打击、远程调用超视距打击、车际超越调炮射击等。

6. 分队协同效能评估功能

分队协同火力打击效能不是分队内各武器平台单车火力打击效能的简单累加,还要考虑到网络化协同火力控制"网络化"和"信息化"带来的效果。综合分析战斗分队的火力打击效能,为下轮火力打击方案提供信息反馈,是分队火力协同运用的重要功能。

7. 分队模拟训练功能

从以上分析可以看出,网络化协同火力控制系统协同控制的武器平台类型多、数量多,功能复杂,平时训练中如果全部依靠实装进行训练,不仅弹药消耗大、装备损耗大,还对训练场地要求高。模拟训练成为解决以上问题的有效手段。在火力协同数据链的支撑下,通过嵌入式软件或外接其他软硬件资源,可实现分队模拟训练功能,有针对性地进行训练。

6.2.3 系统逻辑连接关系

系统逻辑连接关系描述系统内部的运行规则、逻辑和运行状态。网络化协同火力控制系统协同作战的系统逻辑连接关系如图 6-3 所示,图中左半部分是指挥车进行作战协同辅助决策时的逻辑状态描述,右半部分是侦察车或武器平台进行作战协同辅助决策、协同搜索、协同跟踪、协同解算、协同调炮时的逻辑状态描述。

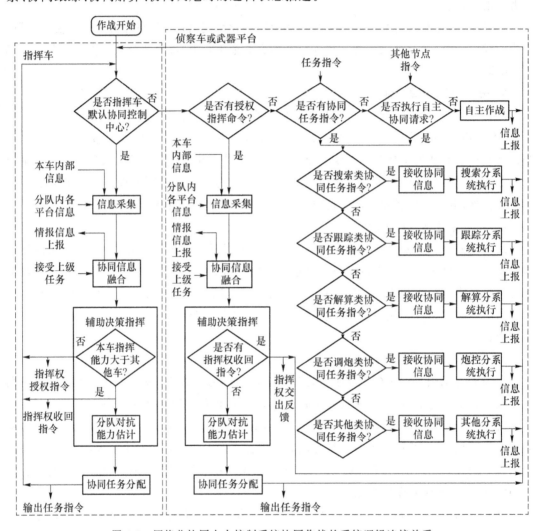

图 6-3 网络化协同火力控制系统协同作战的系统逻辑连接关系

6.2.4 系统物理连接关系

系统物理连接关系表达的是系统各节点、各分系统之间的接口关系,通过武器平台内部连接关系和武器平台之间的连接关系进行描述。系统接口连接关系图如图 6-4 所示。

1. 武器平台内部连接关系

在武器平台内部,各个分系统是通过车内控制总线相连的,实现各个分系统之间指令信息、车内控制信息、系统状态信息以及目标信息等的实时传输。

2. 武器平台之间的连接关系

当分队中的指挥中心与上级指挥平台建立连接时,网络化协同决策分系统、多车协同控制分系统通过火力协同数据链分系统加入战术互联网,与上级指挥平台的通信接口相连,接收上级指挥平台实时下发的各种作战信息。

分队内的武器平台与其他平台建立连接时,网络化协同决策分系统、多车协同控制分系统通过火力协同数据链分系统与其他武器平台相连接,实现车际协同火力控制信息的实时传输。

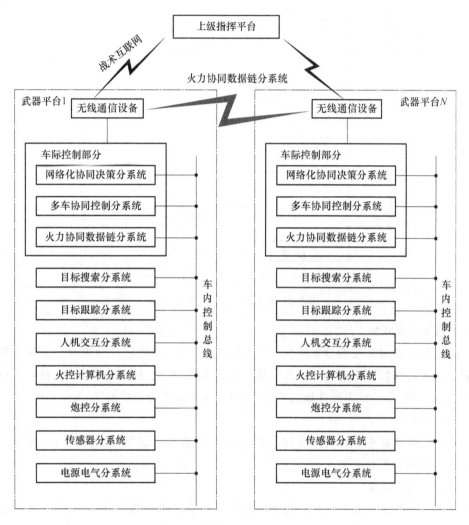

图 6-4 系统接口连接关系图

6.2.5 系统信息流程

传统火控系统的火力控制,基本上都是围绕着单个武器平台集中进行作战资源配置,各种作战资源在功能、隶属和匹配关系上具有很强的紧密性,对目标的火力打击主要由单武器平台完成,对其他平台的依赖较小。然而,网络化协同火控系统既可以将火力资源集中配置在单武器平台上,也可以分散配置在战斗编成内的各个武器平台上。因此,网络化协同火控系统的火力控制活动必须依赖火力协同数据链分系统共享作战数据信息,通过网络将分队内各种火力资源进行优化整合,达到协同控制的目的。所以,网络化协同火控系统的火力控制信息流程有单武器平台集中和多武器平台协同两种模式。

1. 单武器平台集中信息流程

图 6-5 所示为单武器平台集中信息流程。

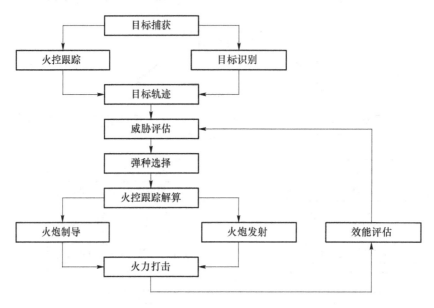

图 6-5 单武器平台集中信息流程

(1) 目标信息获取

单武器平台的目标搜索分系统在战场上发现敌目标后,调用目标跟踪分系统对敌目标进行稳定跟踪,同时进行目标识别,判断敌目标的属性、性质、距离等信息,对目标进行威胁评估,根据目标性质进行弹种选择,由火控计算机分系统进行火控解算。

(2) 数据共享

当不与其他武器平台协同而进行自主作战时,单武器内部只使用内部总线即可满足各个分系统之间的数据共享需求。

(3) 射击诸元解算

单武器平台射击诸元解算的参数来源是本武器平台的传感器,经过火控计算机分系统解算得出的射击诸元,直接用于火炮装定表尺并射击。

(4) 火炮控制与击发

单武器平台的火控系统只控制本武器平台的火炮,火控系统装定射击诸元后,调动火炮随动瞄准线,由当击发按钮被按下且火炮进入射击门时火炮击发。

2. 多武器平台协同信息流程

图 6-6 所示为多武器平台协同控制信息流程。

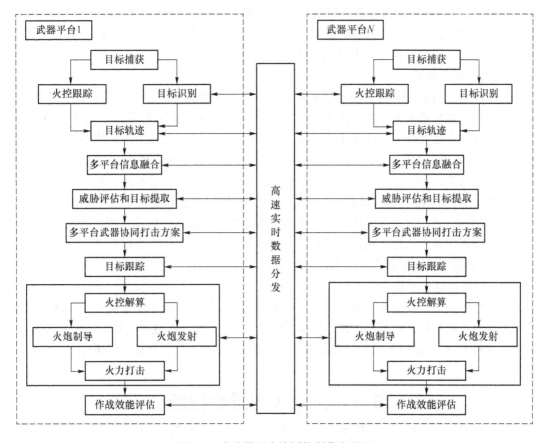

图 6-6　多武器平台协同控制信息流程

(1) 目标信息获取

在战斗分队内，各武器平台的观瞄设备搜索发现目标后，调用目标跟踪分系统对目标进行稳定跟踪以及获取目标轨迹数据，并将获取的目标轨迹数据及其他目标信息，通过火力协同数据链在分队内进行实时共享。战斗分队指挥中心的多车信息融合模块将共享信息进行融合整合，形成统一的战斗态势图。在网络化协同决策分系统形成协同决策方案后，各武器平台的目标跟踪分系统、传感器分系统再按照目标分配方案对分配的目标进行跟踪，获取目标参数。获取的参数可用于本车或其他武器平台的火控计算机分系统进行射击诸元解算，控制各武器平台的火炮装定射击诸元。

(2) 数据共享

网络化协同火控系统的数据共享，依赖火力协同数据链分系统在武器平台之间进行。分队内各武器平台的实时位置、技术状况、目标信息、分队火力打击规划方案及其他数据都可以在武器平台间进行实时共享。

(3) 火力协同

网络化协同火控系统在武器-目标分配方面与单武器平台有巨大差异。单武器平台只涉及本车的目标跟踪与武器的分配与控制，而网络化协同火控系统要对分队内多个武器平台进行目标跟踪与火力打击武器的合理分配。分队内的指挥中心通过火力协同数据链根据收到的敌目标信息、我方武器平台状况、战场态势等情况，综合考虑战斗任务和战场环境等信息,形成武器-目标分配方案和协同火力打击方案,再通过火力协同数据链将形成的火力协同方案分发到战斗分队内的各武器平台上,各武器平台再按照协同火力打击方案分别控制本平台的目标跟踪分系统和火炮,对目标进行协同火力打击。

(4) 射击诸元解算

传统火力控制系统的射击诸元解算都是在本武器平台的火力控制计算机中完成的,所以火力控制计算机是火力控制系统的核心。在计算机功能日益强大的信息化时代,射击诸元解算不需要在独立的一台计算机上完成,可以将火力控制射击诸元计算软件嵌入炮长任务终端、综合控制计算机或核心信息处理计算机完成射击诸元解算功能,并通过总线输出到火炮伺服控制器,实现火炮方位向及高、低向调炮,即可进行高精度射击。在网络化协同火力控制系统中,由于战斗分队内各武器平台的诸火力控制要素通过实时通信系统实现信息共享、协同控制,因此射击诸元解算可以在多平台上实现车际协同解算。当一个武器平台上负责射击诸元解算的软件或硬件故障时,可以调用其他武器平台的计算资源进行射击诸元解算,再将解算后的射击诸元传到本武器平台。

(5) 火炮控制与击发

网络化协同火力控制系统依靠实时无线通信,像牵引式高炮有线通信一样实现多机动平台之间的车际超越调炮与射击诸元装定,既可以由炮长超越其他车的乘员调用其火炮,对目标进行射击,也可以由车长超越其他车的乘员调用其火炮,对目标进行射击。

6.3 火力协同同步控制

本节对网络化协同火控系统的协同控制部分的车际协同搜索控制、车际协同跟踪同步控制、车际射击诸元协同解算和车际协同调炮控制进行分析。

6.3.1 车际协同搜索控制

单武器平台火控系统在搜索目标时,只能依靠本武器平台的观瞄设备进行搜索。这种搜索方式在战斗中,容易造成搜索时间过长、目标捕获概率低、搜索资源重复浪费等问题,导致战斗分队整体的搜索效能得不到充分发挥。网络化协同火控系统通过对战斗分队内各武器平台的火力控制要素的同步控制,可以缩短整个分队的目标搜索时间,提高目标捕获概率,提高目标搜索效能。

1. 人工协同搜索和自动协同搜索

战斗分队在进行协同搜索时,各武器平台在网络化协同火控系统的协同控制下有人工协同搜索模式和自动协同搜索模式。自动协同搜索模式适用于武器平台目标搜索分系统自动搜索功能工作良好的情况,人工协同搜索模式适用于武器平台自动搜索功能失效或者情况较为复杂的情况,但两者都是在网络化协同决策分系统的控制下进行搜索的。

(1) 人工协同搜索

人工协同搜索方案在指挥中心的网络化协同决策分系统中生成后,以协同搜索指令的形式通过火力协同数据链下发到战斗分队内各武器平台的显控装置。武器平台的乘员或操控人员收到指令后,按照人工协同搜索方案利用本武器平台的目标搜索设备进行目标搜索。在获取目标信息后,通过火力协同数据链传输给指挥中心网络化协同决策分系统中的多车信息融合模块。各武器平台获取到的目标信息经过融合后,形成统一的目标轨迹信息,为指挥中心的多车协同任务规划模块制定火力协同打击方案提供依据,并且与战斗分队内各武器平台进行实时共享。

(2) 自动协同搜索

自动协同搜索主要适用于能够进行自动搜索目标、自主识别目标的武器平台。区别于人工协同搜索模式中通过各武器平台乘员或操控人员控制各自武器平台的目标搜索分系统进行协同搜索,自动协同搜索模式下,指挥中心可以直接控制各武器平台的目标搜索分系统进行协同搜索。这种模式不仅可以减轻武器平台乘员或操控人员的工作量,还可以提高协同搜索效率。

战斗分队中指挥中心的网络化协同决策分系统在其制定的自动协同搜索方案中,规划了各武器平台在进行目标搜索时的搜索区域等内容。该协同搜索方案通过火力协同数据链下发到各个武器平台的多车协同控制分系统,各武器平台再将协同搜索方案转化为本平台的搜索指令来控制目标搜索分系统进行自动搜索与目标识别。目标搜索分系统会按照规定的范围、时间以及速度等要求进行搜索,将搜索获得的目标信息通过火力协同数据链传输到指挥中心的多车信息融合模块中,经过融合处理形成统一的目标信息,为多车协同任务规划模块制定火力协同打击方案提供依据,并且与战斗分队内各武器进行实时共享。在自动搜索的过程中,当有特殊情况而目标搜索分系统无法自行处理时,武器平台乘员或操控人员还可以通过人工交互分系统对其进行人工干预。

2. 协同搜索信息的收发

协同搜索信息主要涵盖平台状态/能力信息、协同搜索指令信息、搜索目标信息等内容。通过网络化火控系统的数据信息分发共享技术,可以对协同搜索信息进行实时发送、接收与信息共享。

(1) 平台状态/能力信息

侦察平台或武器平台将自身的平台状态/能力信息通过网络化火控系统的网络链路发送给指挥中心,用于辅助指挥中心进行决策和指挥员作出协同搜索任务决策。平台状态/能力信息由同步控制时戳、平台标识、平台当前能力、平台位置等组成。平台状态/能力信息格式如表 6-1 所示。

表 6-1 平台状态/能力信息格式

同步控制时戳/bit	平台标识/bit		平台当前能力/bit								平台位置/bit		
	身份卡 ID	平台类型	搜索能力	识别能力	跟踪能力	制导打击能力	常规打击能力	评估能力	备用	任务执行状态	经度	纬度	高度
32	4	4	1	1	1	1	1	9	1	1	17	17	14

(2) 协同搜索指令信息

指挥中心的网络化协同决策分系统给出的协同搜索方案一经指挥员选择确认,协同搜索方案即转化为协同搜索任务。指挥中心将协同搜索任务转化为协同搜索指令,实时发送给执行协同搜索任务的侦察平台、武器平台。协同搜索指令数据格式如表 6-2 所示。

表 6-2 协同搜索指令数据格式

同步控制时戳/bit	协同节点/bit	协同模式/bit	搜索区域/bit			备用/bit
			区域中心角	区域角度范围	区域高度范围	
32	4	4	16	16	16	16

(3) 搜索目标信息

执行协同搜索任务的各个平台需要将捕获到的目标信息实时上报给指挥中心,指挥中心根据目标信息实时更新战场态势。目标信息格式如表 6-3 所示。

表 6-3 目标信息格式

同步控制时戳/bit	数据源类型/bit	搜索目标位置/bit					备用	搜索质量/bit	
		上报源身份卡 ID	目标序号	目标距离	目标方向角	目标俯仰角		波段类型	置信评价
32	4	8	8	16	16	16	12	4	4

3. 协同搜索控制逻辑

侦察平台或武器平台接收到协同搜索任务后,对任务进行解析,将解析后的任务转换为侦察平台的控制信号,并将控制信号输入搜索设备的控制系统,对搜索设备的高低向、方位向进行控制,从而对目标进行搜索、跟踪,以获得目标的战场信息。

协同搜索任务不同,侦察平台或武器平台的搜索规律也就不同。协同搜索主要分为按照指定的控制规律搜索或按照自适应控制规律搜索。

协同搜索的控制逻辑如图 6-7 所示。

战斗分队内两台以上侦察平台或武器平台协同搜索时,给各车下达的搜索指令规定人工协同搜索和自动协同搜索两种模式。

对于不具备自动搜索、自主识别目标的侦察平台或武器平台,下达人工协同搜索指令。乘员或武器平台的操控人员,需要在搜索任务规定的时间要求下,通过操纵搜索设备搜索战场,通过搜索设备的目镜或显控装置显示的侦察图像寻找目标。

对于具备自动搜索、自主识别目标的侦察平台或武器平台,可下达自动协同搜索指令,也可以同时规定搜索协同模式(如多车周视搜索、扇形搜索等)以及搜索范围、搜索时间、搜索速度等。当侦察平台或武器平台遂行周视搜索指令时,首先判断搜索指令是否规定了搜索速度等搜索规律。当搜索指令规定了搜索速度等规律时,将搜索指令按搜索规律转换为本平台的周视搜索信号,而后由协同模式 1 控制器进行控制,实现平台的自动搜索;在未规定搜索规律的情况下,侦察平台或武器平台根据本平台的战术技术性能,自主决定采用人工或自动搜索,将搜索任务转换为搜索信号后送到协同模式 2 控制器进行自主搜索。当侦察平台或武器平台遂行扇形搜索指令时,同样首先判断搜索指令是否规定了搜索速度等搜索规律,而后将搜索任务转换为搜索信号,通过相应的协同模式控制器控制本平台完成搜索;也可以根据作战任务或本平台的战术技术性能,预先设置 n 控制器来控制平台完成相应模式的搜索任务。

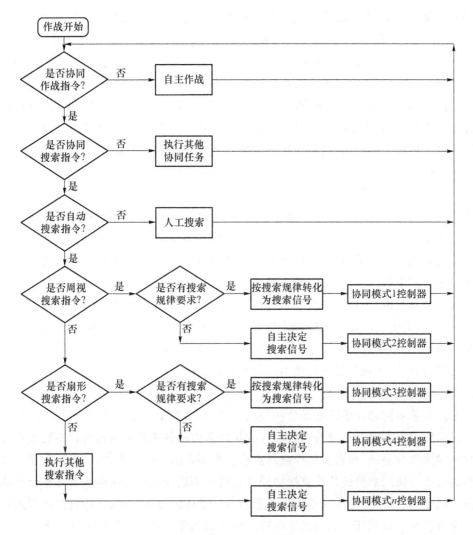

图 6-7 协同搜索的控制逻辑

6.3.2 车际协同跟踪同步控制

在战斗中,车际协同跟踪同步控制可以分为以指挥中心为中心的分队协同跟踪控制和各武器平台自主进行战斗协同的车际自主协同跟踪控制两种模式。

1. 分队协同跟踪控制

分队协同跟踪控制是以战斗分队中指挥中心网络化协同决策分系统提供的协同跟踪方案为依据,各武器平台的多车协同控制分系统控制目标跟踪分系统对目标进行协同跟踪的工作模式。分队协同控制跟踪又可以分为分队协同融合跟踪与分队协同接力跟踪两种模式。

(1) 分队协同融合跟踪

单武器平台在对目标进行自动跟踪的过程中,容易受战场地形环境、敌方干扰等情况的影响,导致跟踪的目标丢失或者跟踪不连续等情况,十分影响武器平台对目标的跟踪和打击。融合跟踪模式下,在网络化协同决策分系统的控制下,各武器平台对战场目标进行融合跟踪,可以极大减少目标丢失、重复跟踪和漏掉目标等情况的发生。

各武器平台将自己捕获到的目标信息,通过火力协同数据链共享到指挥中心的网络化协同决策分系统中,经过信息融合处理形成整个战斗分队的目标融合信息,并根据目标的数量、距离、性质和威胁程度等因素来制定分队协同跟踪方案。各武器平台根据协同跟踪方案对目标进行协同跟踪,将跟踪获取的目标信息共享到指挥中心,指挥中心对信息进行融合得到目标的融合轨迹,并将目标的融合轨迹共享给各武器平台。各武器平台接收到指挥中心共享的目标融合轨迹,按照协同跟踪方案继续对目标进行跟踪。

(2) 分队协同接力跟踪

在战斗中,指挥中心的网络化协同决策分系统根据各武器平台共享的目标信息、各武器平台所处的地理位置、武器平台状况以及地理环境等形成接力跟踪方案。接力跟踪方案是根据战场态势实时更新的,在分队内通过火力协同数据链进行实时共享。各武器平台在接收到接力跟踪方案后,对目标进行接力跟踪。

以低空目标为例,当目标来袭时,在来袭的路线上,距离目标较近的武器平台率先对其进行跟踪,敌目标不在跟踪范围内的武器平台可以根据系统共享的目标融合轨迹进行预先跟踪准备,若目标摆脱前面武器平台的跟踪,进入本武器平台的跟踪范围,则本武器立即对目标进行接力跟踪,实现对目标持续不间断的跟踪。

2. 车际自主协同跟踪控制

无论是分队协同融合跟踪还是分队协同接力跟踪,都是在指挥车规划跟踪方案后,各武器平台根据跟踪方案对目标进行的跟踪。战斗分队内的各武器平台也可以不通过指挥车的网络化协同决策分系统,而自主选择点对点或点对多点的车际自主协同跟踪,使多个武器平台之间通过火力协同数据链达成直接协同。这将大幅增强战斗分队内各武器平台作战的灵活性和作战效能。但是,在战斗中为了不影响分队整体的战斗行动,车际自主协同跟踪必须在不影响分队协同跟踪任务的情况下进行。对各武器平台来说,自主协同跟踪分为主动引导协同跟踪和主动协同跟踪两种形式。

(1) 主动引导协同跟踪

当单武器平台在成功捕获目标后对目标进行跟踪时,为了实现更好的跟踪打击效果,通过主动请求分队内其他武器平台协同它对目标进行跟踪打击。单武器平台在通过目标跟踪分系统获取到目标轨迹之后,将目标轨迹信息与请求协同跟踪的指令通过火力协同数据链传输给分队内其他武器平台。在被请求协同跟踪的武器平台收到协同跟踪请求后,武器平台乘员或操控人员可以根据本武器平台的状况和任务作出决定。若响应请求,则被请求协同的武器平台根据请求协同的武器平台提供的目标信息加入跟踪,与其达成协同跟踪。

(2) 主动协同跟踪

区别于主动引导协同跟踪需要武器平台发送协同请求,主动协同跟踪是指武器平台直接加入分队内其他武器平台的跟踪任务,即当武器平台并未请求协同而只在火力协同数据链中发送出搜索或跟踪目标航迹时,其他武器平台主动与该武器平台一起对目标进行的协同跟踪。

6.3.3 车际射击诸元协同解算

导弹属于精确制导武器,导弹发射后,仍然可以控制其飞行轨迹。它的射击命中机理与发射常规弹药的射击命中机理不同。这里只讨论火炮发射常规弹药的射击诸元解算问题。

对于火炮发射常规弹药的射击命中问题,火控系统是通过控制火炮轴线相对瞄准线,在高低和方位两个方向的角度实施射击的,这两个角度就是火控计算机解算出来的射击诸元,它的正确与否是火控系统能否命中目标的关键。火炮发射常规弹药的射击命中问题可以分解为两个问题,一个是由于火控载体和目标之间因为相对运动弹丸与目标相遇的解命中问题,另一个是火炮相对未来点射击的外弹道问题。外弹道模型计算出来的是火炮相对大地平面直角坐标系的角度值,但是射角装定是在炮塔球坐标系下进行的,而射击时火炮耳轴可能处于倾斜姿态,所以必须要把解算结果转化到炮塔球坐标系下才能正确装定火炮射角,这就是倾斜修正问题。火炮轴线与瞄准线之间是有空间位置差的,因此还要进行视差修正。考虑到解命中问题模型是在炮塔球坐标系下进行测量和求解的,所以把解命中问题模型的解算结果、经过倾斜修正的外弹道问题的解算结果和经过视差修正的计算结果进行累加,就得到了完整的射击诸元,也就是火炮轴线相对瞄准线在高低和方位两个方向上的角度。但是,在用以上过程计算出来的射击诸元进行射击时,仍然可能出现射弹散布中心与瞄准点不一致的情况,这是由一些未知因素导致的系统误差。为此,我们通过实弹射击试验的办法获得这个误差量,称为综合修正量,通过综合修正使二者一致。将解命中问题的解算结果、外弹道问题的解算结果、倾斜修正、视差修正、综合修正量综合在一起的过程,称为模型综合。

射击诸元解算中,外弹道问题模型解算所需要的参数中,弹种、偏流、气温、气压、药温、初速减退等对武器平台武器系统实时变化的状态无影响,但阵地横风速对武器的指向有影响。阵地横风可由武器平台的传感器实时测量。

解命中问题模型解算时,只有当目标与武器平台有相对运动时才需要进行解算,这与目标相对武器平台的运动状态有关。测量目标相对武器平台运动状态的方法是将目标相对武器平台的运动映射到武器平台上,映射为炮塔的转动或瞄准线的运动,由测量传感器测量出炮塔或瞄准线的运动角速度。除了目标相对武器平台的运动角速度之外,还需要知道弹丸飞行时间。弹丸飞行时间由外弹道问题模型解算获得。可见,解命中问题模型解算所需要的参数来自两方面的参数,一个是目标相对运动的角速度,另一个是弹丸飞行时间。倾斜修正计算需要知道火炮耳轴倾斜的角度,而后代入公式计算。视差修正与目标距离以及瞄准线与火炮轴线之间的位置偏差有关。对于综合修正量,不同的武器平台各不相同。

对于传统的火控系统,射击诸元一般是由武器平台上的计算机进行解算的。网络化协同火力控制系统的射击诸元,既可以由武器平台本身进行解算,也可以分配到不同的武器平台上进行。比如,A 车的射击诸元解算任务可以由 B 车承担,但 A 车需要向 B 车提供各种参数,以供 B 车解算使用,B 车为 A 车提供计算服务,充当 A 车的"火控计算机"。实际上,采用阵地作战方式的压制火炮、火箭炮,以及牵引式高炮,其指挥车上已经具备了射击诸元解算功能。设计车际射击诸元协同解算功能的好处是,当某武器平台发生软件或硬件故障时,本武器平台的射击诸元解算任务可由其他武器平台承担,根据其他武器平台的解算结果进行装定表尺并射击。

网络化协同火控系统的射击诸元解算可以在不同的武器平台上进行，因此也可以利用云计算技术在云端进行计算，由"战斗云"提供强大的算力服务。

6.3.4 车际协同调炮控制

区别于目前主战坦克的车长超越炮长通过直接操作操纵台控制火炮进行射击，网络化协同火力控制系统依靠实时无线通信，可以像牵引式高炮有线通信一样实现多机动平台之间的车际超越调炮与射击诸元装定。当本武器平台的火炮无法射击、射击条件不够或遇到其他特殊情况，既可以由炮长超越其他车的乘员调用其火炮，对目标进行射击，也可以由车长超越其他车的乘员调用其火炮，对目标进行射击。

坦克、装甲突击车等主战突击武器的火炮是大口径的坦克炮，采用穿甲弹、破甲弹或榴弹打击敌装甲目标。由于口径大、装填慢，而且炮弹威力大（单发命中即可摧毁目标），因此采用单发射击模式。其火力控制系统采用直瞄射击方式控制火炮单发射击，所以在作战中通常由炮长跟踪瞄准目标后射击。在多平台协同作战中，当本车不便射击或不能射击时，可以由炮长利用本车的炮长瞄准镜瞄准目标，发出调用命令调用其他车的火炮，并装定射击诸元，对目标进行射击；也可以由车长利用本车的车长周视瞄准镜瞄准目标，调用其他车的火炮，并装定射击诸元，对目标进行射击。这就是车际协同调炮控制。

为了保证射击效果，车际协同调炮射击通常在火控系统处于稳像工况下时使用，即被协同控制武器平台的火炮跟随主动发起协同控制的武器平台的瞄准线移动，实现火炮轴线跟随武器平台的瞄准线。下面，以两辆坦克为例介绍它们之间实现车际超越调炮射击的流程，如图6-8所示。

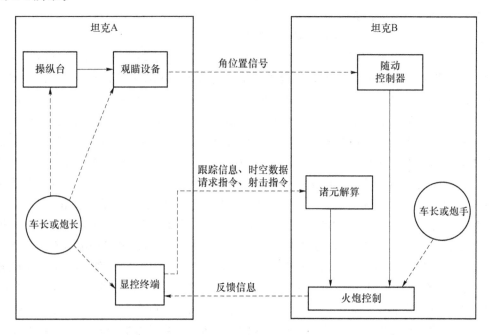

图6-8 车际超越调炮射击的流程

（1）主动发起协同控制的坦克A的乘员通过乘员显示控制终端、火力协同数据链对战斗分队内的坦克 B 发出车际超越调炮的请求。

（2）坦克 B 的乘员在乘员显示控制终端中接收到请求后，根据本坦克自身的火炮状态以及担负的任务，对坦克 A 的协同请求作出回应。

（3）坦克 B 一旦作出同意的回应，坦克 A 立即将本车的炮长瞄准镜或者车长周视瞄准镜的角位置信号通过火力协同数据链与坦克 B 进行实时共享，使坦克 B 的火炮轴线与坦克 A 的炮手瞄准镜或者车长周视瞄准镜中的瞄准线同步随动。

（4）坦克 A 的乘员通过瞄准镜捕获目标后，根据目标性质选择对应弹种，按下装弹按钮，坦克 B 会根据要求进行自动装弹。坦克 A 的乘员直接使用车长或炮手操纵台对目标进行瞄准、跟踪、测距，并将其角位置信号和时空信息连续发送给坦克 B。

（5）坦克 B 根据坦克 A 的共享信息结合本坦克的时空信息，进行射击诸元解算，控制本坦克火炮装定射击诸元，同时将火炮随动状态信息反馈给坦克 A。

（6）坦克 A 的炮手或者车长进行射击时，按下操纵台上的击发按钮，射击命令通过火力协同数据链发送给坦克 B，在坦克 B 的火炮进入射击门后火炮自动射击。

（7）射击结束后，坦克 A 的乘员解除对坦克 B 火炮的控制。在整个过程中，坦克 B 的乘员可对本坦克的状态信息进行监控，必要时进行人工干预，解除坦克 A 对坦克 B 火控系统的控制。

6.4 网络化协同火力控制系统关键技术

网络化协同火力控制系统是在传统单平台火力控制系统基础上发展起来的，需要解决的关键技术有多武器协同信息运用技术、车际通信网络控制技术、多武器平台信息融合与作战协同辅助决策技术、火力要素同步控制技术等。

（1）多武器协同信息运用技术

网络化协同火力控制系统进行分布式网络化搜索、跟踪、打击时，平台之间的信息以平台数量的指数级速度增长，充分利用大量的火力控制系统信息，不断提高战斗分队的作战效能，依赖信息的发掘、分发与应用技术。多武器协同信息运用技术包括信息获取、处理与存储、信息设计、信息分发等技术。

（2）车际通信网络控制技术

网络化协同火力控制系统进行分布式网络化搜索、跟踪、打击时，平台之间的传感器、控制系统、执行系统可以跨平台组网，支持跨平台远程操作、实时控制，其关键是解决武器和武器之间信息交互的实时性和准确性问题，保障各武器的各火力控制要素通过无线、有线通信信道实现实时控制，这就需要车际通信网络控制技术、武器协同数据链技术的支持。车际通信网络控制技术包括信息综合传输技术和信息综合交换技术。

（3）多武器平台信息融合与作战协同辅助决策技术

网络化协同火力控制系统实现作战协同，必须对大量的敌、我、环境信息进行采集、融合，形成威胁判断、任务分配和武器-目标分配，并形成态势图提供给乘员供乘员决策参考和干预，同时进行效能实时评估，形成战斗分队的观察（Observe）、定位（Orient）、决定（Decide）以及行动（Act）反复进行的 OODA 循环，才能实时管理与控制各有人或无人武平台及其各火力控制要素的同步动作。其细分的关键技术有数据配准技术、目标估计技术、威胁度估计技术、武器-目标分配技术、作战效能评估技术、态势图技术、人机协同技术等。

(4) 火力要素同步控制技术

网络化协同火力控制系统不仅需要通过综合集成战斗分队多武器的各种作战资源，实现战斗分队内各作战要素之间的战场信息共享和火力控制资源综合应用，实现各武器的搜索设备、跟踪设备、计算机设备、武器转台等多要素的协同控制，也必须解决异地分布的多武器的空间同步问题、时间同步问题，才能实现战斗分队内各平台之间的跨平台搜索引导、协同跟踪和协同火力打击。所以，网络化条件下的车际火力要素同步控制技术包括协同搜索的同步控制技术、协同跟踪的同步控制技术、射击诸元的分布式解算技术、同步调炮控制技术等。

6.5 陆战武器网络化协同火力控制系统应用范围

陆战武器平台网络化协同火力控制系统将主要应用于陆军各兵种小型战斗分队多武器平台的协同，实现精兵作战，并通过作战协同辅助决策实现战斗分队与上级指挥信息系统的指控火控一体化纵向协同作战。

(1) 防空战斗分队应用

陆战武器平台网络化协同火力控制系统将支持未来连级防空战斗分队防空高炮、导弹、弹炮结合等各武器平台协同作战，实现战斗分队网络化协同火力打击。

(2) 装甲突击战斗分队应用

陆战武器平台网络化协同火力控制系统将支持未来连、排级突击战斗分队坦克、步兵战车、装甲突击车、无人战车等各武器平台协同作战，实现战斗分队网络化协同火力突击。

(3) 炮兵压制战斗分队应用

陆战武器平台网络化协同火力控制系统将支持未来营、连级火力压制战斗分队前观侦察车、阵地指挥车、火箭炮、火炮等各武器平台协同作战，实现战斗分队网络化协同火力压制打击。

(4) 侦察分队分布式协同侦察与火力引导应用

陆战武器平台网络化协同火力控制系统将支持未来地面侦察分队分布式协同侦察与火力引导应用，使侦察分队实现对作战范围内目标的全面、高效侦察，目标指示和毁伤侦察，实现"发现即毁伤"，为进一步实现战斗分队的侦、指、打、评一体化提供支撑。

(5) 空地多兵种协同作战应用

陆战武器平台网络化协同火力控制系统将支持未来地面合成战斗分队、空中突击分队各武器平台实现空地协同作战、近距离空中支援，实现空地网络化协同火力打击。

(6) 有人/无人作战平台协同作战应用

陆战武器平台网络化协同火力控制系统将有力地支持未来地面无人作战平台、空中无人作战平台的发展，在有人/无人作战平台混合编成的战斗分队作战中实现有人遥控、监控、自主作战，以及与空中无人作战平台的协同作战，实现陆军立体作战，并逐步支撑无人化作战的实现。

6.6 有人/无人战斗分队网络化协同火力控制应用模式

陆军信息化发展需求对陆军武器装备作战提出了新要求,战争多元化、作战单元小型化与网络化、有人/无人结合成为信息化局部战争的重要形式。地面/低空无人系统的发展,将使陆军地面有人/无人武器装备与无人机系统结合,大大丰富了陆军武器系统作战功能和提升了其作战性能,形成了新的作战方式,使其能完成新的作战使命,达到更高的作战效能。地面无人系统、低空无人系统以及有人/无人多武器空地协同作战系统等新型武器系统是当前研究热点,其智能化技术、作战模式与作战效能有待进一步研究。本节仅从网络化协同作战角度,对有人/无人作战平台网络化协同火力控制应用模式进行简要介绍,包括"多无人作战平台协同搜索模式""多无人作战平台协同跟踪模式""有人/无人协同作战模式"等。

1. 多无人作战平台协同搜索模式

基于无人作战平台目标自主搜索技术和多无人作战平台协同定位技术,通过有人作战平台的任务规划,可实现一个有人平台带领多个无人作战平台对地面和低空区域的巡逻、目标搜索。其流程如下:

① 有人作战平台(默认的协同控制中心)受领上级下达的巡逻某区域的任务。

② 协同控制中心通过任务规划,确定各个无人作战平台的任务,并下达各个无人作战平台。

③ 多个无人作战平台从起点分别自主行进至各自指定的任务区域,并在各自区域内搜索目标。

④ 有人作战平台在一定距离的后方跟随无人作战平台行进,并监控各个无人作战平台返回的数据与图像信息。

⑤ 当某一个无人作战平台发现目标时,将发现目标的信息上报有人作战平台协同控制中心,并向所有无人作战平台共享。

⑥ 多个无人作战平台对目标进行协同定位,并进行目标图像的采集、上报。

⑦ 在有人作战平台协同控制中心的远程操控终端上显示单作战平台上报的目标位置、目标属性及图像,或多平台协同定位的目标位置、目标属性及图像。

2. 多无人作战平台协同跟踪模式

在对敌作战中,通过有人作战平台的任务规划,可实现一个有人作战平台带领多个无人作战平台对地面和低空区域目标的捕获、跟踪。其流程如下:

① 有人作战平台(默认的协同控制中心)受领上级下达的跟踪某区域敌方目标的任务。

② 协同控制中心通过任务规划,确定各作战无人侦察平台、无人武器平台任务,并下达各无人作战平台。

③ 多个无人作战平台从起点分别自主行进至各自指定的任务区域,并在各自区域内搜索目标。

④ 有人作战平台在一定距离的后方跟随无人作战平台行进,并监控各个无人作战平台返回的数据与图像信息。

⑤ 当某个无人作战平台 A 发现目标时,自动跟踪目标,并将目标信息上报有人作战平台,在有人作战平台的远程操控终端上显示目标跟踪轨迹;同时共享至其他无人作战平台。

⑥ 当目标逐渐远离无人作战平台 A 而接近无人作战平台 B 时,无人作战平台 B 接替无人作战平台 A 跟踪该目标,在有人作战平台的远程操控终端上显示目标跟踪轨迹;其他无人作战平台保持搜索状态。

⑦ 当目标逐渐远离无人作战平台 B 而接近无人作战平台 C 时,无人作战平台 C 接替无人作战平台 B 跟踪该目标,在有人作战平台的远程操控终端上显示目标跟踪轨迹;其他无人作战平台保持搜索状态。这就实现了 A→B→C 接力跟踪(在远程操控终端的态势图上目标的轨迹是一条连续轨迹)。

⑧ 当无人作战平台跟踪的目标被遮挡而无法跟踪时,跟踪设备仍然能够根据有人作战平台协同控制中心预测的目标轨迹保持跟踪状态,实现"盲跟";当一定时间内目标离开遮挡区域再次出现时,目标图像马上被该无人作战平台的跟踪波门重新锁定。

3. 有人/无人协同作战模式

在对敌作战中,通过有人作战平台的任务规划,可实现一个有人作战平台带领多个无人作战平台对地面和低空区域目标的跟踪、打击。其流程如下:

① 有人作战平台(默认的协同控制中心)受领上级下达的占领某区域的作战任务。

② 协同控制中心通过任务规划,确定各无人侦察平台、无人武器平台任务(包括目标信息和作战时间),并下达各无人作战平台。

③ 多个无人作战平台从起点分别自主行进至各自指定的任务区域,并在各自区域内搜索、捕获目标。

④ 有人作战平台在一定距离的后方跟随无人作战平台行进,并通过"协同火力打击态势图"监控各无人作战平台返回的实时位置、状态数据与图像信息。

⑤ 根据作战现场状态,各无人作战平台自主进行本作战平台的任务分解和任务规划,并上报规划结果给有人作战平台。同时,有人作战平台进行任务分解和任务规划辅助决策,当有人作战平台的规划结果和无人作战平台的规划结果一致时,人不作干预;当二者不一致时,操控人员可实时干预规划结果,并让无人作战平台执行。

⑥ 当无人作战平台发现目标时,向友邻无人作战平台和有人作战平台共享目标信息;无人作战平台自主进行信息融合与武器目标分配,将分配结果上报有人作战平台。

⑦ 有人作战平台的"协同火力打击态势图"上实时显示战斗态势,进行信息融合与武器-目标分配,当其作出的分配结果与无人作战平台的分配结果不一致时,操控人员实时干预无人平台对目标的跟踪与射击准备;一致时,人不干预无人作战平台的跟踪与射击准备,只在确认跟踪与射击准备结果后,下达打击命令。

⑧ 根据目标分配结果与有人作战平台的打击命令,无人武器平台协同对目标进行打击、命中与毁伤评估,并将评估战果与其他无人作战平台和有人作战平台共享。

⑨ 在有人作战平台的"协同火力打击态势图"上实时显示当前战斗态势,并根据各无人平台上报的命中与毁伤评估对当前作战效能进行实时评估。评估结果作为新的信息,用于有人/无人战斗分队下一轮的任务分解、任务规划辅助决策、跟踪和打击。

思考与练习

1. 什么是网络化协同火力控制系统？
2. 网络化协同火力控制的原理是什么？
3. 网络化协同火控系统的体系结构是什么样的？
4. 车际射击诸元协同解算的本质是什么？
5. 网络化协同火控系统涉及的关键技术有哪些？
6. 试分析装甲分队网络化协同火力应用模式。

第7章 火力规划

随着现代化武器和装备技术的发展,特别是信息技术的广泛运用带来的新技术革命的冲击,世界各国正轰轰烈烈地进行着新军事变革。这种变革的核心内容是军队信息化、智能化建设,其本质是将工业时代以物质和能量为基础的机械化部队,转变为信息时代以信息和知识为基础的信息化部队。这使得作战样式、作战理论以及作战指挥模式产生了新的变化。现代战争中,战斗胜败已不再取决于战斗单体的性能优劣,而是由整个作战系统对战场信息的获取、掌控和应对能力来决定。协同作战的实现,整体作战效能的充分发挥,需要火力规划技术作为支撑。

7.1 火力规划问题概述

7.1.1 火力规划的背景与意义

(1) 战场信息趋于透明,火力规划成为可能

在指挥控制系统数字化之前,由于沟通不顺畅,因此指挥系统无法实时获取足够的战场信息,系统规划分队火力不具备实现条件。然而,在步入信息化时代的今天,随着一体化指挥平台的建设,丰富的战场信息可以推送至指挥车甚至单车,战场信息对每个参战单元趋于透明,进行火力规划的条件逐渐完备。

(2) 多兵种协同作战,火力规划十分必要

由于大量的新型武器装备不断地投入战场,因此多种战场力量之间的配合显得尤为重要。合理而有效的火力协同,不仅能够极大地调动和发挥各个武器平台的作战效能,而且能够提升分队的整体作战效能。虽然现在对信息化装备投入较多,单一兵种的作战能力已显著提高,但是由于决策系统发展相对滞后,战场火力规划的工作还是主要依靠决策者;同时,决策者更多地依靠自己的经验进行指挥,有时不够科学,就会制约分队整体作战效能的发挥;此外,在协同作战过程中,各作战单元和各兵种在更低的层次进行配合,协同规模也变得很小。因此,面对新的作战形式和战场发展趋势,科学地进行火力规划显得尤为重要。

(3) 追求火力打击体系最优,大幅提升整体作战效能

如果说传统的机械化作战是平台与平台之间的对抗,那么信息化作战将是系统与系统间的较量。随着指挥控制技术的逐步完善,以打击效果整体最优为目标的综合火力规划成为可能。不同于传统的"集中指挥+火力单元单独打击",从分队整体角度出发,以火力打击体系最优为目标的火力规划自动化符合当前体系对抗的作战要求,必将大幅提高部队的整

体作战效能。

(4) 有效缩短打击反应时间,显著提高作战效率

一方面,战场态势复杂多变,即使是有经验的指挥员也很难总在最短的时间内做出科学合理的军事决策。另一方面,由于人类的生物本性,除非训练极其有素,否则人类指挥员在作战过程中容易受到其他因素的干扰(比如过大的精神压力、恶劣的战场环境、疲劳等),从而降低指挥效率、增长打击反应时间。而火力分配自动化技术由于采用计算机这种高效率的计算工具,能够在短时间内进行大量运算,从而能够根据复杂的战场态势计算出更合理的火力分配方案,其决策效率远非人类指挥员可以比拟的。因此,采用自动火力规划技术能够有效缩短打击反应时间,提高作战效率。

(5) 顺应武器装备发展需要,迎合未来无人部队发展趋势

在新军事变革的推动下,无人武器装备的发展日新月异,已成为世界各国争相开展的研究热点,成为武器装备发展的新趋势。可以预测,未来高技术无人化武器将主宰局部战局,使各种战场的作战形式发生巨大变化。

未来无人部队的火力与指挥控制,是现阶段信息化的 C^4KISR 系统的智能化、无人化的扩展,其中"K"(打击、摧毁)对于战场来说具有决定性的作用。而自动的火力规划恰恰是 C^4KISR 系统中"K"的具体体现,其完备的信息优势、全局最优的规划结果、高效准确的决策速度必将大大提高部队的整体作战效果。

因此,研究火力规划技术,关系着陆军部队的发展,是全面推进新军事变革的必然要求,和占据未来战场优势的迫切需要。

7.1.2 火力规划的基本过程

火力规划技术是基于复杂战场环境的协同指挥决策的关键技术,其基本过程如图 7-1 所示。

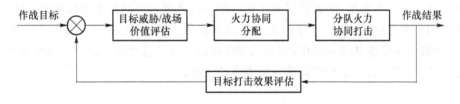

图 7-1 火力规划的基本过程

(1) 目标威胁/战场价值评估。"威胁"或"战场价值"可以按其字面意思理解,是从不同角度对目标进行的描述。下层作战单元依据自身传感器系统以及上级指挥单元获取的战场态势信息,根据评估模型和相关算法对目标进行威胁/战场价值评估,并向上级指挥单元上传评估结果,或者由上级指挥单元根据各作战单元上传的目标信息自行对目标威胁/战场价值进行评估。

(2) 火力协同分配。上级指挥单元参考各作战单元上传的目标威胁/战场价值评估结果或自行评估的结果,根据一定的作战准则,进行火力协同分配,并将火力分配方案下发各作战单元。

(3) 分队火力协同打击。作战单元依据上级指挥单元的火力分配方案,选择火力打击

的目标,完成本轮火力打击任务。

(4) 目标打击效果评估。本轮火力对抗结束后,对目标的毁伤情况进行评估,为下轮的火力打击提供数据支持。

火力规划过程中的信息流如图 7-2 所示。

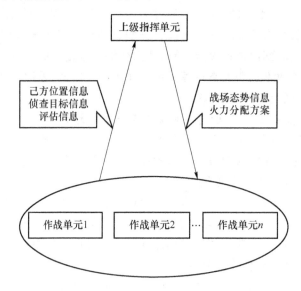

图 7-2 火力规划过程中的信息流

火力规划技术是包括目标威胁评估、火力分配、毁伤评估、指挥控制等多种技术在内的战场火力综合决策技术,本章仅从目标威胁评估和武器目标分配两个方面对火力规划技术进行研究论述。

火力协同分配是现代战争的关键步骤,也是战斗力生成的重要步骤。作为协同决策、协同指挥的研究成果,作战辅助决策系统已在西方各国得到大量运用,并取得了实效。但是由于指挥系统涉及军事机密,因此我军对于国外的指挥系统和协同技术难以获得有效的借鉴。我军的协同作战理论起步较晚,相应的火力规划技术比较薄弱,限制了战斗力的发展。目前,多种新型武器装备的投入使用,使部队的作战能力有了极大的提高。作为作战辅助决策关键技术的火力协同,正逐步得到国内外学者的重视。

7.2 目标威胁评估

目标威胁评估是对敌方的威胁意图、杀伤能力、战场对抗情况以及对无人系统威胁等级的估计,为战场决策和临机指挥提供支撑,其重点是依据敌方的作战部署、力量编成、设备性能、战场环境、双方的作战意图、我方重要目标,把敌方的威胁程度通过数据进行评估分析。

7.2.1 基本步骤

目标威胁评估通常包括四个基本方面,即建立指标体系、指标量化、指标权重确定以及威胁评估方法,这四个方面就是目标威胁评估的四个基本步骤。目标威胁评估流程图如图 7-3 所示。

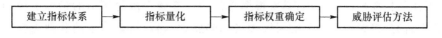

图 7-3 目标威胁评估流程图

复杂的装备往往具有一系列表征各种特性的性能参数,有时可达数十个。这些参数涉及装备的各个方面,共存于装备之中。显然不能以个别参数指标来评价目标的威胁度,而应把反映目标性能的各种指标综合在一起,形成一个反映目标威胁度的数值。如何选取反映目标威胁度的指标,是指标选取问题,也是建立指标体系的问题。但是由于选出来的这些指标的物理属性、量纲各不相同,因此需要把不同的量纲进行统一处理后才能综合,这是指标的量化问题。同样,由于各种指标对目标威胁度的影响程度不同,因此在进行综合之前往往还要确定各指标的重要性,即"权重",也称为指标赋权。最后,按照一定的方法对指标值、指标权重进行综合,得出目标威胁度,这些方法就是威胁评估方法。以上就是目标威胁评估的过程。

7.2.2 指标体系

1. 一般概念

评估指标体系是由若干个评估指标按照内在规律和逻辑结构排列组合而成的有机整体或集合。评估指标体系一般具备四个基本特征:

① 集合性特征,即评估指标体系是具有相互关系的若干个评估指标的总和;

② 关联性特征,即评估指标体系中的各指标对评估的对象是有联系、有影响的;

③ 层次性特征,即评估指标体系由若干个层次构成,一般分为一级指标、二级指标、三级指标,指标的层次越高,则越笼统,层次越低,则越具体、越明确;

④ 整体性特征,即评估指标体系是若干个评估指标的有机组合体,而不是简单的相加或堆积。

评估指标体系的结构形式。将总目标分解为评估指标体系时,要掌握一个"度"。分解的层次多了,虽然具体,但指标级数分得太多、太细,就会过于烦琐,给评估带来不便。分解的层次少了,指标虽少,但往往太粗略,显得抽象、笼统,不便于操作。评估指标通常分为几个层级,这些指标在总目标下形成了一个分层级、分系列的指标体系:上一级目标(指标)包含下一级全部指标,下一级全部指标的内涵等同于上一级目标(指标)。整个指标体系是一个有机整体,通常称为树状结构。

构建评估指标体系,有利于充分认识和反映评估对象的本质特点、内在规律、相互联系;有利于评估工作的具体实施,便于计量、分析、检查、考评;有利于取得科学、客观、公正的评估结论。

2. 确定原则

对于无人作战力量来说,由于执行任务多样、所面临的环境复杂,在选择指标体系时不可能把所有的因素都考虑在内,因此只能综合考虑各方面影响因素选取较为主要的因素作为评估指标。首先根据评估目的和作战需求系统分析评估目标的属性,如毁伤属性、探测属性、侦察属性和指挥控制属性等;其次根据具体的任务确定威胁评估的指标层级,对每个层级进行分析研究;接着根据划分的层级和目标的属性,确定指标体系的共性指标,将得到的指标进行简化;最后对指标体系进行检验。因此建立指标体系还应遵循以下原则:

(1) 完备性原则。信息化战场上,无人系统作战大多在体系内进行对抗,由于战场环境复杂,所面对的敌方目标多种多样,因此在建立目标威胁评估的指标时,指标体系应能够对各类目标进行评估。

(2) 层次性原则。在建立目标威胁指标体系时,通常将目标属性先粗略划分,再细分,形成不同层次,以得到便于量化的层次性指标体系。

(3) 独立性原则。在建立指标体系时,每个指标间应不重叠,这样能够使目标威胁评估更加客观。

3. 选取方法

选取指标体系的常用方法有专家咨询法、脑力风暴法等。

(1) 专家咨询法

专家咨询法又称 Delphi 方法,其本质是系统分析方法在价值判断上的延伸,根据专家掌握的各种信息和丰富经验,经过抽象、概括、综合、推理的思维过程,得出专家各自的见解,再经汇总分析得出指标体系。正确选择专家(包括专家数、专家的领域等)是该方法成功的关键。其主要过程是评价者根据评价目标及评价对象的特征,在所设计的调查表中列出一系列评价指标,分别征求专家的意见,然后进行统计分析,并反馈咨询结果,反复几轮后,若最后结果趋向集中,则确定评价指标体系。该方法流程如图 7-4 所示。

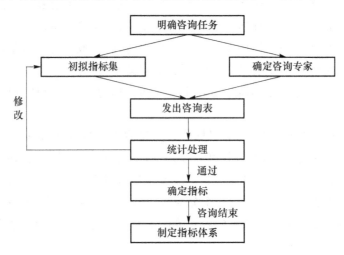

图 7-4 专家咨询法流程

(2) 脑力风暴法

脑力风暴法的目的是在评价者思想的碰撞中充分发挥他们的智慧,通过成立评估专家小组,组织专家组成员进行面对面的讨论,鼓励专家采用非结构化的思维方法,互相进行思维启发,思考影响系统效能的因素。在初始阶段,不过分要求给出指标的合理性、系统性、层次性、不重复性,只是尽可能多地给出所有的指标。随后,对指标进行甄别和筛选,抛弃不合理的指标。最后,根据评估的目标,建立层次化的指标体系。在整个过程中,要求专家组成员充分表达自己的意愿,相互启发,最终形成群体满意的指标体系。

建立指标体系时,首先把复杂的问题分解为一个个小问题,每一个问题称为一个元素,然后对于每一个元素根据隶属关系,继续分解,直至最低层元素可以相对容易地度量为止,这样就形成了一个如图 7-5 所示的阶梯层次结构。中间层的元素既隶属于上一层,又对下一层有支配关系,但隶属关系、支配关系有可能是不完全的。一般上层元素支配的下层元素不超过 8 个,否则会给两两比较判断带来困难。而层次数的多少要由问题的复杂程度和分析深度来决定。

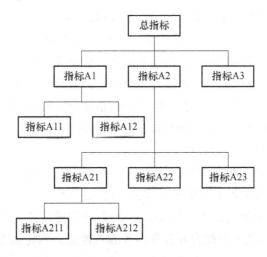

图 7-5　指标体系的阶梯层次结构

根据评估的目的、期望不同,可将指标进行以下分类。

(1) 在工程和经济中的许多评价问题上,尤其是在对装备系统的效能评估问题上,指标常根据指标能否定量表述来分类,可以求出数值的称为定量指标,如通信业务量、接通率、通信距离等;不能定量表述的指标称为定性指标,如抗毁性、可扩展性、维护能力等。定性指标具有一定的模糊或灰色特征。

(2) 根据人们对指标值期望的特点,可将指标分为效益型、成本型、固定型、区间型、偏离型和偏离区间型。效益型指标表示指标值越大越好的指标;成本型指标表示指标值越小越好的指标;固定型指标表示指标值等于某个值时为最佳,即越接近某一固定值越好的指标;区间型指标表示指标值落在某一固定区间内为最佳的指标;偏离型指标表示指标值越偏离某个固定值越好的指标;偏离区间型指标表示指标值越偏离某个区间越好的指标。

4. 指标体系制定

目标威胁指标体系的建立是进行威胁评估的基础。地面突击分队的作战目标种类、型号很多,但大致可以归结为以下几类:坦克、步兵战车等装甲类目标,自行火炮等地面火炮类目标,武装直升机、无人侦察机等低空类目标,反坦克火箭筒等单兵类目标,弹药、油料补给车等保障类目标。多种目标的相互配合,使得战场环境、战场态势更加复杂多变,威胁属性也变得多样化,从而增加了属性选择与处理的难度。

对无人系统来说，敌方目标的威胁主要体现在对无人系统的打击意图、打击能力以及是否具备打击条件上。无人系统与有人装备的威胁评估不大相同，结合无人系统运用特点，二者的区别主要表现在：

(1) 无人系统注重信息威胁能力。有人装备（比如坦克）由于需要考虑到人员的伤亡，所以在威胁能力判断中重点需要考虑目标的火力打击能力，而无人系统体型较小、隐蔽性能较好且不用考虑人员的伤亡，所以敌方目标的火力打击能力并不是最主要的威胁判断指标。由于无人系统需要在接收到指令信息后才能执行任务，一旦传输链路被破坏无人系统将失去作战能力，所以信息威胁是无人系统的首要威胁。

(2) 无人系统注重目标的战场价值。由于有人装备在作战过程中需要考虑到人的因素，所以在作战运用中具有一定局限性，面临的威胁目标在一定范围内。而无人系统作战运用比较灵活，威胁目标多样，不仅要考虑到敌方目标的威胁能力，而且要考虑到目标的战场价值，比如敌方的军政要员、重要目标等，虽然这些目标对无人系统的实际威胁较小，但是战场价值比较大，所以在进行威胁评估时需要着重考虑敌方目标的战场价值。

网络中心战认为任何战争都同时发生在物理、信息、认知三个领域。根据无人系统与有人系统的不同之处，本节从空间域、物理域、信息域、环境域 4 个角度建立一种能够体现无人作战分队的目标威胁评估的指标体系。

空间域是敌我双方所处的空间相对位置的领域，相对位置的不同也体现了威胁程度的不同，通常从相对速度、相对距离和武器的攻击角度三方面来衡量。

物理域是战场中各类装备武器实际存在的领域，经常通过各类武器装备的机动速度、火力打击能力、探测能力以及干扰能力等自身具备的各种能力判定敌方目标在该领域的作战能力的强弱。

信息域是作战双方进行搜集、加工、传输、分发战场信息的领域。对于无人系统而言，更是需要通过各类传感器搜集处理各种战场态势信息并将其上报后方指挥人员，在作战过程中交战双方通过各种手段阻塞、破坏对方收集、加工、分发这些数据信息，取得信息优势。在信息领域，由于信息威胁而产生的威胁为目标的信息威胁，目标的信息威胁可以从信息的差异性、滞后性方面进行评价。

环境域是敌我双方实际所处的外界环境，相较于海战场和空战场，陆战场环境复杂、地形多样，在执行任务过程中受环境影响大。通常将自然环境、社会环境、军事环境作为环境域的评价指标。

1) 空间域威胁指标

信息化作战通常是远距离条件下的作战，空间域威胁指标通常包括距离威胁指标、速度威胁指标、火炮攻击角度威胁指标。战场态势图如图 7-6 所示，其中，φ 为目标火器指向与目标平台的连线的夹角，α 为速度方向和目标平台的连线的夹角。

(1) 目标距离

距离威胁指标，是反映敌方目标在空间距离上对无人系统产生的威胁大小的指标。如图 7-6 所示，在无人作战分队进入作战区域后，无人装备基本在敌方的有效射程之内，每个目标都会对无人装备产生威胁，双方的距离越小，被敌方击中的概率就越大。令 s_j 为第 j

个目标与无人装备的距离,r_j 为第 j 个目标的最大有效射程,则目标距离威胁指标可以表示为

$$I_{\text{dis}}=\begin{cases}0.5\left(1+\dfrac{r_j-s_j}{r_j}\right), & 0\leqslant s_j\leqslant 2r_j\\ 0, & s_j>2r_j\end{cases} \tag{7-1}$$

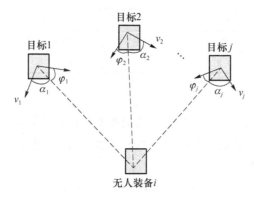

图 7-6 战场态势图

(2) 目标速度

无人装备与敌方目标连线上的速度分量反映的是目标接近无人装备速度的快慢,分量越大说明敌方对我方攻击意图越大,对我方威胁程度越明显。令 v_j 为目标速度标量,则目标速度威胁指标可以表示为

$$I_{\text{spe}}=\begin{cases}V_j\cos(\alpha_j)/V_{j\max}, & 0°\leqslant\alpha_j\leqslant 90°\\ 0, & 90°\leqslant\alpha_j\leqslant 180°\end{cases} \tag{7-2}$$

(3) 攻击角度

敌方武器的攻击角度为火炮的火力指向与敌我目标连线的角度,攻击角度越小,则敌方对我方的威胁程度越大。攻击角度威胁指标可以表示为

$$I_{\text{ang}}=\begin{cases}1-\theta_j/90°, & 0°\leqslant\theta_j\leqslant 90°\\ 0, & 90°\leqslant\theta_j\leqslant 180°\end{cases} \tag{7-3}$$

2) 物理域威胁指标

物理域威胁指标是敌方目标的综合能力的体现,主要包括目标类型价值、机动能力、火力打击能力、指挥控制能力、探测能力。在威胁指标量化时,为简便考虑,采取模糊评价语言对其进行处理,并通过表尺量化法将其映射为定量的数值。表 7-1 所示为量化表尺对应值。

表 7-1 量化表尺对应值

等级	极大	很大	大	稍大	中等	稍小	小	很小	极小
分数	1	0.9	0.8	0.6	0.5	0.4	0.2	0.1	0

(1) 目标类型价值

无人系统执行任务多样,面临的环境比较复杂。敌方目标可能是装甲类,也可能是敌方

重要枢纽或军政要员。所以在选取指标时,不仅要考虑到目标类型的威胁程度,而且要考虑到目标的战场价值。若目标是敌方军政要员,虽然目标本身对无人系统的威胁程度较小,但是因为其战场价值很大,所以目标类型威胁评估价值高。目标类型价值量化如表 7-2 所示。

表 7-2 目标类型价值量化

目标类型	坦克	步战车	反坦克导弹车	反坦克火箭筒	单兵
目标类型威胁评估价值	大	中等	稍大	稍小	小
标度值	0.8	0.5	0.6	0.8	0.2

(2) 机动能力

目标的机动能力是快速完成其战术意图的重要条件,机动能力越强,说明对敌方目标对我方的威胁程度越大。机动能力可以分为目标的越障能力、速度性能、运输能力进行考虑。机动能力威胁指标的计算公式为

$$I_{\text{move}} = w_1 \cdot c_1 + w_2 \cdot c_2 + w_3 \cdot c_3 \tag{7-4}$$

其中,c_1、c_2、c_3 分别为越障能力指标、速度性能指标、运输能力指标;采用表尺量化法对其进行量化,w_1、w_2、w_3 分别为各自对应的权重。考虑到陆战场主要的目标类型,根据模糊语言的标度值,采用标度法对目标机动能力进行量化。目标机动能力量化如表 7-3 所示。

表 7-3 目标机动能力量化

目标类型	坦克	步战车	反坦克导弹车	反坦克火箭筒	单兵
机动能力威胁评价值	大	中等	稍大	小	很小
标度值	0.8	0.5	0.6	0.2	0.1

(3) 火力打击能力

目标的火力打击能力主要与目标使用火炮的毁伤能力和命中概率有关,武器火炮的毁伤能力越大,命中概率越大,说明敌方对我方的目标威胁越大。火力打击能力威胁指标的计算公式为

$$I_{\text{strike}} = w_1 \cdot \lambda_1 + w_2 \cdot \lambda_2 \tag{7-5}$$

其中,λ_1、λ_2 分别为毁伤能力和命中概率,采用表尺量化法对其进行量化,w_1 和 w_2 分别为其对应的权重。考虑到陆战场上主要的目标类型,根据模糊语言的标度值,对目标火力打击能力进行量化。目标火力打击能力量化如表 7-4 所示。

表 7-4 目标火力打击能力量化

目标类型	坦克	步战车	反坦克导弹车	反坦克火箭筒	单兵
打击能力威胁评价值	大	中等	稍大	稍小	小
标度值	0.8	0.5	0.6	0.4	0.2

(4) 指挥控制能力

对于敌方目标而言,除了自身武器平台具备的各种机动、火力打击等能力,其还有指挥

其他目标的能力,指挥层级越高,指挥其他目标完成敌方作战企图的能力就越强。不同层级的指挥车对我方的威胁程度不同。目标指挥控制能力量化如表 7-5 所示。

表 7-5 目标指挥控制能力量化

目标类型	营指挥车	连指挥车	排长车	普通车辆
指挥控制威胁评价值	大	稍大	较小	小
标度值	0.8	0.6	0.4	0.2

(5) 探测能力

探测发现目标是火力打击目标的前提,只有发现并锁定、跟踪上目标才能对目标实施打击。在战场对抗过程中,如果无人装备已经被敌方发现,那么无人装备很有可能成为敌方目标的下一个打击对象。敌方目标的探测能力主要与探测的设备有关,探测设备主要可以分为雷达设备、可见光设备、热像设备,不同的设备探测能力不同。敌方目标载有的探测设备越多,对我方的威胁越大。探测能力威胁指标的计算公式为

$$I_{search} = w_1 \cdot a_1 + w_2 \cdot a_2 + w_3 \cdot a_3 \tag{7-6}$$

其中,a_1、a_2、a_3 分别表示雷达设备、可见光设备、热像设备的探测能力;采用表尺量化法对其进行量化,w_1、w_2、w_3 分别为三者对应的权重。考虑到陆战场主要的目标类型,根据模糊语言的标度值,对目标探测能力威胁指标进行量化。目标探测能力量化如表 7-6 所示。

表 7-6 目标探测能力量化

目标类型	坦克	步战车	反坦克导弹车	反坦克火箭筒	单兵
探测能力威胁评价值	大	稍大	稍大	小	小
标度值	0.8	0.6	0.6	0.2	0.2

3) 信息域威胁指标

由于无人系统主要依靠数据链路进行信息的传输和接收,一旦数据传输链路被敌方压制或阻断,就意味着无人系统失去作战能力。所以,信息域威胁是无人系统面临的首要威胁,信息域威胁指标主要归纳为信息差异性、信息滞后性。

(1) 信息差异性

信息差异性,反映的是无人系统获取的敌方目标种类数量和目标特征与实际情况不一致的程度。敌方的目标数量种类与实际情况越不一致,说明无人系统对目标信息获取越不完全,则目标的信息威胁程度越高。信息差异性量化如表 7-7 所示。

表 7-7 信息差异性量化

信息差异性威胁评价值	较大	稍大	中等	稍小	小
标度值	0.8	0.6	0.5	0.4	0.2

(2) 信息滞后性

信息滞后性反映的是获取敌方目标信息与作战时限要求的相差程度。获取敌方目标的信息滞后性越高,说明目标的信息威胁性越大。信息滞后性量化如表 7-8 所示。

表 7-8 信息滞后性量化

信息滞后性威胁评价值	较大	稍大	中等	稍小	小
标度值	0.8	0.6	0.5	0.4	0.2

4) 环境域威胁指标

环境域指战场及周围环境中对作战活动有影响的各种条件和情况的总称,可以分为自然环境、军事环境和社会环境。其中,社会环境包括战场内的人口情况、宗教信仰等人文环境和政治基础。任何军事任务在执行前都要充分分析目标地区的社会环境。由于社会环境较为复杂且指标不好选取,本节在确定指标时主要考虑自然环境指标和军事环境指标。

(1) 自然环境

自然环境是自然界运动变化的环境,是敌我双方作战的基础,对无人作战分队的指挥控制、侦察打击等作战进程影响巨大,对敌方目标的火力打击机动能力也有巨大影响。这里主要考虑气象条件和通视性。在气象好且通视性好的情况下,敌方目标能更快速地发现我方无人系统,并且其火力打击效果也比较好。反之,在气象恶劣且通视性不好的情况下,敌方发现我方无人系统的难度大,打击效果也大大降低。自然环境威胁指标的计算公式为

$$I_{\text{nature}} = w_1 \cdot \varphi_1 + w_2 \cdot \varphi_2 \tag{7-7}$$

其中,φ_1、φ_2 分别表示气象条件、通视性;采用表尺量化法对其进行量化,w_1 和 w_2 分别为对应的权重。考虑到陆战场的自然环境影响,根据模糊语言的标度值,对自然环境威胁指标进行量化。自然环境条件量化如表 7-9 所示。

表 7-9 自然环境条件量化

自然环境威胁评价值	非常好	较好	一般	较差	恶劣
标度值	1	0.9	0.7	0.4	0.2

(2) 军事环境

军事环境是指人为构筑的用于迟滞、阻碍、干扰对手的环境,主要包括复杂的电磁环境、雷场、烟雾等。这里主要考虑电磁环境、障碍数量、交通条件。电磁环境越复杂,障碍数量越多,交通条件越复杂,威胁程度越大。军事环境威胁指标的计算公式为

$$I_{\text{mil}} = w_1 \cdot \delta_1 + w_2 \cdot \delta_2 + w_3 \cdot \delta_3 \tag{7-8}$$

其中,δ_1、δ_2、δ_3 分别表示电磁环境、障碍数量、交通条件;采用表尺量化法对其进行量化,w_1、w_2、w_3 分别为其权重。考虑到陆战场的军事环境的具体情况,根据模糊语言的标度值,对军事环境威胁指标进行量化。军事环境条件量化如表 7-10 所示。

表 7-10 军事环境条件量化

军事环境威胁评价值	非常好	较好	一般	较差	恶劣
标度值	1	0.9	0.7	0.4	0.2

综上所述,考虑到陆战场主要的目标类型和环境情况,以无人系统为评估节点,设置三层指标体系,从空间域威胁指标、物理域威胁指标、信息域威胁指标和环境域威胁指标 4 个方面构建目标威胁评估指标体系,如图 7-7 所示。

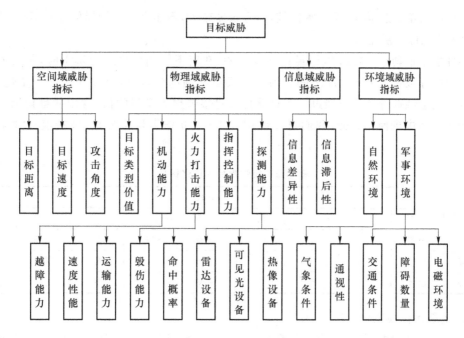

图 7-7 目标威胁评估指标体系

7.2.3 目标威胁评估指标量化

对目标威胁评估指标进行量化表示,是各类信息系统借助计算机实现目标威胁度自动或半自动评估与排序的基础。依据评估指标的特点,目标威胁指标可分为定性指标和定量指标。

1. 定性指标规范化方法

所谓定性指标,是指那些只能凭人们的经验或感觉进行定性描述的指标。在一个复杂系统的指标体系中,有些指标是很难直接进行定量描述的,由于各人观点不同、思维方式不同、知识面不同以及经验多少不同等,因此人们对同一个指标的描述也会不同,但只能通过"优、良、中、差"或"大、中、小"等语言进行定性描述。由于定性描述无法利用数学这一定量计算的工具进行处理,因此就需要一个定性指标量化的过程对指标进行量化。

目标威胁的定性指标具有模糊性与不确定性,其量化过程比较复杂,且没有统一的准则,人们通常采用多级模糊评估语言对指标值进行描述,这符合决策者的决策心理与实际。对模糊评价语言进行量化的常用方法如下。

(1) 标度法

标度法,就是决策者根据经验以及一定的评价语言规模,用精确数字量化评价语言,体现评价语言描述的程度。依据决策者的作战经验,将评价语言直接标度到 0 到 1 区间中的一个精确数。机动能力指标的标度量化如表 7-11 所示。

表 7-11 机动能力指标的标度量化

机动能力	大	中	小
I_{mov}	0.95	0.75	0.5

标度法简单且易操作，但主观性较强，且误差较大，不能反映出指标信息的不确定性。

(2) 量化标尺量化法

心理学家米勒(G. A. Miller)经过试验表明，在对不同的事物进行辨别时，普通人能够正确区分的等级在5级～9级之间。为了定义更准确的分辨率，可以使用9个量化级别。我们可以把定性评价的语言通过一个量化标尺直接映射为定量的值，常用的量化标尺如表7-12所示。考虑到使用方便，我们可以使用0.1～0.9作为量化分数，极端值0和1通常不用。

表 7-12 定性指标的量化标尺

等级	分数								
	0.1	0.2	0.3	0.4	0.5	0.6	0.7	0.8	0.9
9等级	极差	很差	差	较差	一般	较好	好	很好	极好
7等级	极差	很差	差		一般		好	很好	极好
5等级	极差		差		一般		好		极好

2. 定量指标规范化方法

在评估的过程中，各指标值之间普遍存在以下三种问题：(1)无公度问题，即各指标的量纲不同，不便于互相比较；(2)变换范围不同，指标值之间差异很大，可能数量级都不同，不便于比较运算；(3)对抗性不同，有些指标是越大越优，而有些指标是越小越优。

例如，当评估装备的机动能力时，考虑的要素一般有最大时速(单位：km/h)、最大机动距离(单位：km)以及可以通过的公路等级(单位：级)等，就这三个要素而言，量纲不同，用一般方法无从比较，也无法直接综合；如果直接利用原始指标数据进行评估，则困难较大，且评估方案不科学，从而使评估结果不合理。因此，必须消除上述问题的影响，即对指标值进行规范化(归一化、标准化)处理。其实质是通过一定的数学变换把指标值变换为可以综合处理的"量化值"，一般都变换到[0,1]内。

由于偏离型指标和偏离区间型指标在日常及装备评估中很少用到，因此这两种指标的标准化我们不做论述。这里给出效益型、成本型、固定型和区间型这四种类型指标的规范化方法。

设 r_{ij} 表示第 i 个目标在第 j 个指标下的值，a_{ij} 为标准化之后的值。对于区间型指标，特做定义：设 $a, b, x \in \mathbf{R}$，则实轴上的点 x 到区间 $C = [a, b]$ 的最远点距离为

$$d(x, C) = |x - C| = \begin{cases} \left| x - \frac{1}{2}(a+b) \right| + \frac{1}{2}(b-a), & x \notin [a, b] \\ 0, & x \in [a, b] \end{cases} \quad (7-9)$$

显然，$b = a$ 时，$[a, b]$ 退化为一个点，此时 $d(x, C)$ 即为实轴通常意义下的距离。

效益型、成本型、固定型和区间型这四种类型指标的常用规范化方法如下。

(1) 极差变换法

① 效益型：

$$a_{ij} = \frac{r_{ij} - \min\limits_{i} r_{ij}}{\max\limits_{i} r_{ij} - \min\limits_{i} r_{ij}} \quad (7-10)$$

② 成本型：

$$a_{ij} = \frac{\max_i r_{ij} - r_{ij}}{\max_i r_{ij} - \min_i r_{ij}} \tag{7-11}$$

③ 固定型：

$$a_{ij} = \begin{cases} \dfrac{\max_i |r_{ij} - q_j| - |r_{ij} - q_j|}{\max_i |r_{ij} - q_j| - \min_i |r_{ij} - q_j|}, & r_{ij} \neq q_j \\ 1, & r_{ij} = q_j \end{cases} \tag{7-12}$$

其中，q_j 表示第 j 个指标的最佳稳定值。

④ 区间型：

$$a_{ij} = \begin{cases} \dfrac{\max_i d_{ij} - d_{ij}}{\max_i d_{ij} - \min_i d_{ij}}, & r_{ij} \notin [q_1^j, q_2^j] \\ 1, & r_{ij} \in [q_1^j, q_2^j] \end{cases} \tag{7-13}$$

其中，$[q_1^j, q_2^j]$ 表示第 j 指标的最佳稳定区间。

(2) 线性变换法

① 效益型：

$$a_{ij} = \frac{r_{ij}}{\max_i r_{ij}} \tag{7-14}$$

② 成本型：

$$a_{ij} = \frac{\min_i r_{ij}}{r_{ij}} \tag{7-15}$$

③ 固定型：

$$a_{ij} = \begin{cases} 1 - \dfrac{|r_{ij} - q_j|}{\max_i |r_{ij} - q_j|}, & r_{ij} \neq q_j \\ 1, & r_{ij} = q_j \end{cases} \tag{7-16}$$

其中，q_j 表示第 j 个指标的最佳稳定值。

④ 区间型：

$$a_{ij} = \begin{cases} \dfrac{\min_i d_{ij}}{d_{ij}}, & r_{ij} \notin [q_1^j, q_2^j] \\ 1, & r_{ij} \in [q_1^j, q_2^j] \end{cases} \tag{7-17}$$

其中，$[q_1^j, q_2^j]$ 表示第 j 个指标的最佳稳定区间。

(3) 效用函数法

目标的定量指标，如"目标距离""目标速度""攻击角度"，其取值的不同，体现出的目标威胁度不同（与目标作战性能有关），可以用效用函数表示各定量指标的威胁程度。以"目标距离"指标为例，其威胁主要体现在其射击效果上，可以用目标的射击命中概率变化曲线进行效用化处理，因为目标命中作用是其作战效能的体现，因此用它来近似效果最佳。一般地，命中概率与距离关系如图 7-8 所示。其中，x_0 为目标有效射程，取值由目标作战性能决定,为固定值。例如,现代主战坦克的 $x_0 = 2\,500$ m;现代反坦克火箭筒的 $x_0 = 500$ m。

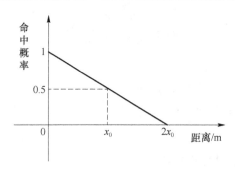

图 7-8 命中概率与距离的关系

7.2.4 目标威胁评估指标赋权

指标权重是指研究对象的各个考察指标相对重要程度,以及在总指标中所占比重的量化值。将每个指标的权重记为 0~1 中的一个小数,将 1(或 100%)视为所有指标的权重之和。确定指标权重的过程即为指标赋权的过程,是目标威胁评估的重要环节之一,权重反映出各指标间的相对重要程度,直接影响评估结果的合理性与有效性。

1. 赋权条件及其原则

一个指标体系的权重集 $\{w_j | j=1,2,\cdots,n\}$ 需要满足下面两个条件:

(1) $0 < w_j < 1 (j=1,2,\cdots,n)$;

(2) $\sum_{j=1}^{n} w_j = 1$。

依据赋权条件以及威胁评估指标体系的特点,总结得出指标赋权过程中需要遵守的原则如下。

(1) 指标体系优化原则。在目标威胁评估指标体系中,各个指标对威胁评估的结果都有各自的贡献和效果。因此,在指标赋权时,要从整体出发,综合考虑每个指标的权重。在指标赋权过程中,需要遵守体系优化原则,把指标体系最优化作为赋权的根本出发点和落脚点。根据这个原则,研究各自对目标威胁评估的作用和贡献,最后对重要程度作出定量判断。

(2) 主客观相结合原则。主观权重反映了决策者的偏好,当他们觉得某个指标很重要时,就赋予该指标较大的权重;客观权重需要基于一定准则,依据评估值矩阵进行指标赋权。为了兼顾主客观赋权法的优势,只有融合主客观赋权法(优势互补),才能获得较为理想的指标权重。

2. 威胁评估指标赋权方法

在评估计算的过程中,指标权重的确定具有举足轻重的地位,因此,如何准确、合理地确定指标权重,关系到评估结果的可靠性与正确性。确定指标权重的方法根据其特点可以分为三大类:主观赋权法、客观赋权法和简单线性加权法。

1) 主观赋权法

主观赋权法,即先由专家给出指标偏好信息,再根据一定的算法准则得到指标权重。主观赋权法的优点是专家可以根据实际的评估问题和自身的知识经验,合理地确定各指标权重的排序,不会出现指标权重与实际重要程度相悖的情况,而这种情况在客观赋权法中是可能出现的。其缺点是各指标权重是专家根据自己的经验和对实际的判断主观给出的,因而具有很大的主观性,受专家知识和经验丰富程度的影响较大。

常用的主观赋权法有环比值法、序关系分析法和层次分析法等。

(1) 环比值法

环比值法又称为环比系数法,该方法是在缺少目标信息情况下的一种有效的赋权方法,处理过程比层次分析法简单,但精度比层次分析法低。该方法的实质是将指标任意排列,先设定第一个指标的重要性为1,再计算出后一个指标与前一个指标的重要性比值,最后累积得到各指标的权重。其基本步骤如下。

① 把 n 个指标进行任意排列。

② 计算出相邻指标的重要性比值 A_{j+1}:

$$A_{j+1} = \frac{\text{第 } j+1 \text{ 个指标的重要性}}{\text{第 } j \text{ 个指标的重要性}}, \quad A_1 = 1$$

③ 以第一个指标的重要性为基准,按照式(7-18)计算每个指标的重要性。

$$R_j = \prod_{i=1}^{j} A_i, \quad R_1 = 1 \tag{7-18}$$

④ 用式(7-19)求解各指标权值:

$$w_j = \frac{R_j}{\sum_{i=1}^{n} R_i} \tag{7-19}$$

环比值法求解步骤简单,需要的专家偏好信息少,应用比较广泛。但是,由于其只计算出相邻指标间的重要度比率,因而不能反映一个指标与其他所有指标的重要度比率。

(2) 序关系分析法

序关系分析法是表示相互重要程度的一种方式,其基本操作步骤如下。

① 确定序关系

定义 7-1 若评价指标 x_i 基于某种评价准则(或目标)确定的重要性程度大于(或不小于)x_j,则记为 $x_i \succ x_j$(符号">"表示"优于"关系)。

定义 7-2 若评价指标 $x_1, x_2, \cdots, x_m$ 基于某种评价准则(或目标)确定具有关系式:

$$x_1^* \succ x_2^* \succ \cdots \succ x_m^*$$

则评价指标 $x_1, x_2, \cdots, x_m$ 之间按">"确定了序关系。

可按照下述步骤建立评价指标集$\{x_1, x_2, \cdots, x_m\}$的序关系。

步骤1:决策者在指标集$\{x_1, x_2, \cdots, x_m\}$中选出其认为最重要的一个(唯一一个)指标记为 x_1^*。

步骤2:决策者在剩余 $m-1$ 项指标的指标集中,选出其认为最重要的一个(唯一一个)指标记为 x_2^*。

……

步骤 k:决策者在剩余 $m-(k-1)$ 项指标的指标集中,选出其认为最重要的一个(唯一一个)指标记为 x_k^*。

......

步骤 m：经过 $m-1$ 次挑选,剩下的最后一项指标记为 x_m^*。

到此,对于指标集 $\{x_1,x_2,\cdots,x_m\}$ 就唯一确定了一个序关系 $x_1^*>x_2^*>\cdots>x_m^*$。为了方便书写,下文仍记 x_i^* 为 x_i。

② 给出 x_{k-1} 与 x_k 间相对重要程度的比较判断

假定专家关于评价指标 x_{k-1} 和 x_k 的重要程度之比 x_{k-1}/x_k 的理性赋值为

$$\frac{w_{k-1}}{w_k}=r_k, \quad k=m,m-1,\cdots,3,2 \tag{7-20}$$

其中,r_k 的赋值可参考表 7-13。

表 7-13 r_k 赋值参考表

r_k	定义
1.0	指标 x_{k-1} 与 x_k 同等重要
1.2	指标 x_{k-1} 比 x_k 稍微重要
1.4	指标 x_{k-1} 比 x_k 明显重要
1.6	指标 x_{k-1} 比 x_k 强烈重要
1.8	指标 x_{k-1} 比 x_k 极端重要

③ 权重系数 w_m 的计算

若专家(或决策者)给定的理性赋值 r_k 满足上述条件,则权重 w_m 为

$$w_m=\frac{1}{\left(1+\sum_{k=2}^{m}\prod_{i=k}^{m}r_i\right)} \tag{7-21}$$

$$w_{k-1}=w_k r_k, \quad k=m,m-1,\cdots,3,2 \tag{7-22}$$

对上面的结论证明如下。

因为

$$\prod_{i=k}^{m}r_i=\frac{w_{k-1}}{w_m}$$

对 k 从 2 到 m 求和,得

$$\sum_{k=2}^{m}\prod_{i=k}^{m}r_i=\frac{\sum_{k=2}^{m}w_{k-1}}{w_m}$$

又因为

$$\sum_{k=1}^{m}w_k=1 \Rightarrow \sum_{k=1}^{m}w_k=1-w_m$$

得

$$w_m=\frac{1}{\left(1+\sum_{k=2}^{m}\prod_{i=k}^{m}r_i\right)}$$

故得证。

(3) 层次分析法

层次分析法(Analytic Hierarchy Process, AHP)是美国匹兹堡大学运筹学专家 T. L. Saaty 于 20 世纪 70 年代提出的一种系统分析方法。1982 年,天津大学的许树柏将该方法引入我国,随后针对层次分析法的研究得到迅速发展,研究内容主要集中在判断矩阵、比例标度、一致性问题上。层次分析法是一种实用的多准则决策方法,该方法以其定性与定量结合处理各种决策因素的特点,以及系统、灵活、简洁的优点,在我国得到了广泛的应用。

层次分析法通过指标判断矩阵计算出指标权重,并对指标判断矩阵进行一致性检验,从而克服判断矩阵设定不合理的问题。该方法是主观赋权法中应用最广泛的方法,理论性比较强,处理过程比较严谨,其基本步骤如下。

① 构造指标判断矩阵 A

构造两两比较判断矩阵是层次分析法的一个关键步骤。通过 n 个元素之间相对重要性的两两比较可以得到判断矩阵(类似于环比值法中的重要性比率)。比较时,一般采用能使决策判断定量化的 1~9 及其倒数的标度方法,即判断矩阵 A 元素 a_{ij} 的取值范围可以是 $1,2,\cdots,9$ 及其倒数 $1,1/2,\cdots,1/9$,如表 7-14 所示。

表 7-14 比较判断标度的含义

1	两个因素相比,前者与后者同样重要
3	两个因素相比,前者比后者稍微重要
5	两个因素相比,前者比后者明显重要
7	两个因素相比,前者比后者非常重要
9	两个因素相比,前者比后者绝对重要
2,4,6,8	上述两相邻判断的中间状态

② 权重确定

依据矩阵 A,计算指标权重向量 $\boldsymbol{W}=[w_1,w_2,\cdots,w_n]^{\mathrm{T}}$。指标权重向量的求解方法很多,主要有求和法、正则法和方根法。方根法的计算步骤如下。

步骤 1　计算判断矩阵 A 的每一行元素的乘积:

$$M_i = \prod_{j=1}^{n} a_{ij} \quad (i=1,2,\cdots,n) \tag{7-23}$$

步骤 2　计算 M_i 的 n 次方根:

$$\overline{w}_i = (M_i)^{\frac{1}{n}}, \quad i=1,2,\cdots,n \tag{7-24}$$

步骤 3　对 $\overline{w}_i$ 进行归一化处理,即得指标权重向量中第 i 个元素的取值:

$$w_i = \frac{\overline{w}_i}{\left(\sum_{i=1}^{n} \overline{w}_i\right)}, \quad i=1,2,\cdots,n \tag{7-25}$$

③ 一致性检验

由于人们对复杂事物的各因素采用两两比较时,不可能做到完全一致的度量,总会存在一定的误差,因此,为了提高权重评价的可靠性,需要对判断矩阵作一致性检验。

计算判断矩阵 A 的最大特征值 $\lambda_{\max}$:

$$\lambda_{\max} = \sum_{i=1}^{n} \frac{[AW]_i}{nw_i} \qquad (7-26)$$

其中，$[AW]_i$ 是 AW 中的第 i 个元素。

一致性检验的算法为

$$CI = \frac{\lambda_{\max} - n}{n - 1} \qquad (7-27)$$

其中，n 是矩阵的维数，即同一矩阵中指标的个数；$\lambda_{\max}$ 为矩阵的最大特征值。CI 越接近于零，A 越满足检验要求。

当矩阵维数较大时，需要对一致性指标加以修正。其算子如下：

$$CR = \frac{CI}{RI} \qquad (7-28)$$

其中，RI 为平均随机一致性指标，针对不同维数，其取值如表 7-15 所示。CI 为一致性指标，RI 为平均随机一致性指标，CR 为随机一致性比例。当 CR<0.1 时，则认为评估矩阵一致性符合要求；当 CR>0.1 时，则需要对权重进行调整，再进行一致性检验，直至获得满足一致性要求的指标权重。

表 7-15　随机一致性指标与阶数的关系

维数	1	2	3	4	5	6	7	8	9
RI	0	0	0.58	0.96	1.12	1.24	1.32	1.41	1.45

层次分析法是应用比较广泛的赋权法，但是其对专家经验的丰富程度要求比较高。

2) 客观赋权法

客观赋权法，主要是依据指标之间的联系程度以及各指标提供信息量的大小，对指标的重要程度进行度量，典型的有信息熵赋权法和离差函数最大化法。其优点是客观性强，不依赖于决策者的偏好信息；缺点是没有考虑决策者的主观意向，确定的权重可能与实际情况不一致，导致最重要指标的权重不一定最大，而最不重要指标的权重却较大。为方便分析，先建立目标威胁指标矩阵。设作战区域中有 m 个敌目标，每个敌目标有 n 个特征指标，则目标集合为 $A = \{A_1, A_2, \cdots, A_m\}$，指标集合为 $I = \{I_1, I_2, \cdots, I_n\}$；第 i 个目标 A_i 在第 j 个指标 I_j 下的衡量值为 $a_{ij}(i=1,2,\cdots,j; m=1,2,\cdots,n)$，则建立目标指标值矩阵：

$$A = \begin{bmatrix} a_{11} & a_{12} & \cdots & a_{1n} \\ a_{21} & a_{22} & \cdots & a_{2n} \\ \vdots & \vdots & & \vdots \\ a_{m1} & a_{m2} & \cdots & a_{mn} \end{bmatrix} \qquad (7-29)$$

这里简单介绍信息熵赋权法。信息熵赋权法是以信息论中对熵的定义为基础，通过计算各指标的熵值来确定指标权重的赋权法。对于 m 个目标的 n 个指标而言，信息熵赋权法的具体步骤如下：

步骤 1　将目标指标矩阵 A 中的 a_{ij} 规范化为 $R = (r_{ij})_{mn}$。

步骤 2　对 $R = (r_{ij})_{mn}$ 进行归一化，得到归一化矩阵 $\dot{R} = (\dot{r}_{ij})_{mn}$，其中 $\dot{r}_{ij}$ 如式(7-30)所示：

$$\dot{r}_{ij} = \frac{r_{ij}}{\sum_{i=1}^{m} r_{ij}}, \quad i=1,2,\cdots,m; j=1,2,\cdots,n \tag{7-30}$$

步骤 3 计算指标 I_j 的信息熵 E_j：

$$E_j = -\frac{1}{\ln m}\sum_{i=1}^{m}\dot{r}_{ij}\ln\dot{r}_{ij}, \quad j=1,2,\cdots,n \tag{7-31}$$

步骤 4 依据式(7-32)计算指标权重：

$$w_j = \frac{1-E_j}{\sum_{k=1}^{m}(1-E_k)}, \quad j=1,2,\cdots,n \tag{7-32}$$

信息熵赋权法是依据各指标在威胁评估中提供信息量的多少来给出指标权重的，一个指标在评估中提供的信息越多，对评估的贡献量越大，其权重越大。但其具有随机性，目标指标值改变会导致得到的权重改变。

3) 简单线性加权法

主客观单一赋权法已经成功应用于指标体系权重的确定，并且各自技术已经比较成熟。但是，各自的不足之处不容忽视。为了兼顾各自优点，达到各单一赋权法优势互补的目的，有学者提出简单线性加权法。虽然算法比较简单，但它是权重优化的一种途径。

简单线性加权法，即选用一种主观赋权法和一种客观赋权法进行线性融合，如式(7-33)所示，得到的指标组合权重 $W=(w_1,w_2,\cdots,w_n)$，即可作为目标的各个指标的组合权重。

$$w_j = \alpha\varepsilon_j + \beta\mu_j \tag{7-33}$$

其中，α 为主观权重影响因子，β 为客观权重影响因子，且满足 $\alpha+\beta=1$。其确定的准则为：专家的战场经验越丰富则 α 越大，战场信息的完整度与可信度越大则 β 越大。简单线性加权法不仅考虑了主观因素，而且引入了客观因素，能够比较全面客观地反映各指标的实际相对重要程度。

7.2.5 目标威胁评估方法

目标威胁评估方法通常指的是人们运用各种科学方法指导下的理论或方式对目标的威胁程度进行评估的方法。经过国内外学者的研究，目前发展出了适合不同背景的目标威胁评估方法：既有基于机器学习的目标威胁评估方法，如基于改进型 RBF 神经网络的目标威胁评估方法，也有入门门槛较低的便于决策人员作出决策的基于层次分析法的目标威胁评估方法。由于各种方法优点各异，因此我们可以在不同战术环境下运用不同的方法来评估目标的威胁程度。

目标威胁评估方法众多，其中大多数方法要用到较深奥的数学知识。但不管具体方法的难易程度，目标威胁评估通常要遵循以下步骤：

(1) 建立评估矩阵。根据每个目标的属性数值建立评估矩阵：

$$\mathbf{X} = \begin{bmatrix} x_{11} & x_{12} & \cdots & x_{1n} \\ x_{21} & x_{22} & \cdots & x_{2n} \\ \vdots & \vdots & & \vdots \\ x_{m1} & x_{m2} & \cdots & x_{mn} \end{bmatrix} \tag{7-34}$$

其中，x_{ij}是第i个目标的第j个属性指标值。

（2）数据预处理。数据预处理主要包括数据的规范化、非量纲化、归一化处理，其核心是数据的可公度性处理，目的是使不同的数据具有可比性，如属性值越大，目标威胁越大等。X经规范化后变为

$$Z = \begin{bmatrix} z_{11} & z_{12} & \cdots & z_{1n} \\ z_{21} & z_{22} & \cdots & z_{2n} \\ \vdots & \vdots & & \vdots \\ z_{m1} & z_{m2} & \cdots & z_{mn} \end{bmatrix} \tag{7-35}$$

（3）指标赋权。即计算各指标所占的权重。

（4）目标威胁度评估。即计算目标的威胁度并排序。

下面介绍两种简单的目标威胁评估方法。

1. 线性加权和法

线性加权和法是现有评估计算方法中最易理解、最易掌握，也是最常用的方法之一。其实质是在赋予每个指标权重后，对每个方案求各个指标的加权和：

$$y_i = \sum_{j=1}^{n} w_j z_{ij} \tag{7-36}$$

其中，y_i为评估目标威胁度的加权综合估计值，z_{ij}为第i个目标的第j个属性指标归一化的值，w_j为第j个属性指标的权重。将y_i按由大至小的顺序排列，即可得到多目标的威胁度排序。

当该方法用于方案优选时，优选准则为

$$y^* = \max_{i} y_i \tag{7-37}$$

其中，y^*为对应的最优方案。

2. 理想点法

理想点法（Technique for Order Preference by Similarity to Ideal Solation，TOPSIS）是方案评估中常用的一种方法，其思想就是优选的方案应与理想方案距离最近，与最差方案距离最远。通常，以理想化的最优、最劣（负最优）基点来权衡其他可行方案。本节将该方法应用于多目标的威胁评估与排序中。

设作战区域中有m个敌目标，每个目标有n个特征指标，等同于n维空间中有m个点；借助评估问题中理想目标和负理想目标的思想。所谓理想目标就是设想的威胁度最大的目标，它的特点是其各个指标值都达到所有目标在各个指标下的最大值，而负理想目标就是设想的威胁度最小的目标，它的特点是其各个指标都达到所有目标在各个指标下的最小值。通过比较各敌目标分别与正理想目标和负理想目标的贴近度对目标进行评估排序，其中威胁度最大的目标离理想目标最近，离负理想目标最远。理想点法的核心思想是求解评估目标分别与正负理想目标的贴近度，依据贴近度完成目标群评估。其具体步骤如下。

（1）构造正负理想目标。对于一个评估问题，假设指标权重$w = \{w_1, w_2, \cdots, w_n\}$已知，取各指标加权的最大值构成理想点：

$$A^+ = \{A_1^+, A_2^+, \cdots, A_n^+\}, \quad A_j^+ = \max_{i}(w_j z_{ij}) \tag{7-38}$$

取各指标加权的最小值构成负理想点：

$$A^- = \{A_1^-, A_2^-, \cdots, A_n^-\}, \quad A_j^- = \min_i(w_j z_{ij}) \tag{7-39}$$

(2) 计算各目标到正负理想目标的加权距离：

$$D_i^+ = D(A_i, A^+) = \sqrt{\sum_{j=1}^n (w_j z_{ij} - A_j^+)^2} \tag{7-40}$$

$$D_i^- = D(A_i, A^-) = \sqrt{\sum_{j=1}^n (w_j z_{ij} - A_j^-)^2} \tag{7-41}$$

(3) 依据式(7-42)计算贴近度 R_i，R_i 值越大，目标的威胁度越大。

$$R_i = \frac{D_i^-}{D_i^- + D_i^+} \tag{7-42}$$

理想点法简单、容易理解，且几何意义明确，但不同的距离测度会得到不同的排序结果。

除以上两种方法外，还有层次分析法、聚类分析法、云模型评估法、人工神经网络法等许多目标威胁评估方法，这里不再一一介绍。

7.2.6 威胁度评估案例

1. 威胁度评估背景

在某次阵地进攻红蓝对抗过程中，蓝军在阵地前沿派出无人车执行侦察警戒打击任务，某时刻，无人车静止在某一地点，侦察战场态势，通过传感器获取的数据如下：

目标 T1 为敌方坦克，最大有效射程 3 200 m，位于我方左前方 1 800 m 处，攻击角度 45°，速度方向与目标-装备连线呈 60°夹角，速度标量 25 km/h，信息差异性中等，滞后性中等；目标 T2 为敌方坦克，位于我方右前方 2 200 m 处，攻击角度 15°，速度方向与目标-装备连线呈 80°夹角，速度标量 30 km/h，信息差异性稍小，滞后性稍小；目标 T3 为敌步战车，最大有效射程 2 800 m，位于我方前方 2 000 m 处，攻击角度 30°，速度方向与目标-装备连线呈 45°夹角，速度标量 15 km/h，信息差异性小，滞后性小；目标 T4 为敌单兵，携带 120 反坦克火箭筒，有效射程 600 m，位于我方右前方 300 m 处，正瞄准无人系统，静止，信息差异性很小，滞后性很小。评估节点为无人车。

2. 建立评估指标体系

需要评估的目标为坦克、步战车、单兵，目标均为地面常规作战目标，能够执行战场侦察、火力打击等任务。坦克和步战车拥有不同的作战武器，可担负不同的作战任务。单兵有较强的灵活机动性和比较好的隐蔽能力，能够引导其他目标进行打击。综合指标体系结合敌方目标类型，从全局出发将指标进行约简：空间域威胁指标约简为目标距离、目标速度、攻击角度，物理域威胁指标约简为目标类型价值、机动能力、探测能力，信息域威胁指标约简为信息差异性、信息滞后性，环境域威胁指标约简为自然环境、军事环境，建立目标威胁指标体系，如图 7-9 所示。通过分析，可以看出约简后的指标体系能够满足独立性和完整性的检验，能够作为完成本次任务的指标体系。

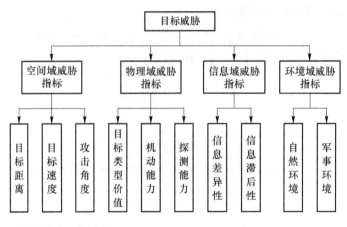

图 7-9 目标威胁评估指标体系

3. 指标量化处理

在作战过程中,敌方目标共有 4 个 T1～T4,分别为坦克、坦克、步战车、单兵,评估节点为无人车。评价指标共有 10 个 f1～f10:目标距离、目标速度、攻击角度、目标类型价值、机动能力、探测能力、信息差异性、信息滞后性、自然环境、军事环境。目标威胁评估初始参数信息如表 7-16 所示。

表 7-16 目标威胁评估初始参数信息

目标	f1/m	f2/(km·h^{-1})	f3/(°)	f4	f5	f6	f7	f8	f9	f10
T1	1 800	25	45	大	大	大	中等	中等	较好	恶劣
T2	2 200	30	15	大	大	大	稍小	稍小	一般	较差
T3	2 000	15	30	中等	中等	中等	小	小	较差	较差
T4	300	0	0	小	很小	小	很小	很小	较好	一般

按照指标量化方法,获得目标威胁评估矩阵,如表 7-17 所示,其中军事环境为极小型指标。

表 7-17 目标威胁判断矩阵

目标	f1/m	f2/(km·h^{-1})	f3/(°)	f4	f5	f6	f7	f8	f9	f10
T1	0.72	0.5	0.5	0.8	0.8	0.8	0.5	0.5	0.9	0.2
T2	0.67	0.17	0.83	0.8	0.8	0.8	0.4	0.4	0.7	0.4
T3	0.64	0.71	0.67	0.5	0.5	0.5	0.2	0.2	0.4	0.4
T4	0.75	1	1	0.2	0.1	0.2	0.1	0.1	0.9	0.7

4. 确定各级指标权重

前面已经确定了各级指标权重,约简后的指标体系需重新确定物理域威胁指标权重,采用层次分析法确定权重,得到目标威胁指标判断矩阵。

重新确定的物理域判断矩阵如表 7-18 所示。层次分析法结果如表 7-19 所示。一致性检验结果如表 7-20 所示。最终得到的目标威胁指标体系权重如表 7-21 所示。

表 7-18 物理域判断矩阵

物理域威胁指标	目标类型价值	机动能力	探测能力
目标类型价值	1	2	2
机动能力	0.5	1	1
探测能力	0.5	1	1

表 7-19 层次分析法结果

项	特征向量	权重值	最大特征根	CI 值
目标类型价值	1.587 4	0.5	3	0
机动能力	0.793 7	0.25		
探测能力	0.793 7	0.25		

表 7-20 一致性检验结果

最大特征根	CI 值	RI 值	CR 值	一致性检验结果
3	0	0.525	0	通过

表 7-21 目标威胁指标体系权重

评估目标	一级指标	相对权重	二级指标	相对权重	权重
目标威胁评估	空间域威胁指标	0.12	目标距离	0.3	0.036
			目标速度	0.2	0.024
			攻击角度	0.5	0.06
	物理域威胁指标	0.26	目标类型价值	0.5	0.13
			机动能力	0.25	0.065
			探测能力	0.25	0.065
	信息域威胁指标	0.45	信息差异性	0.5	0.225
			信息滞后性	0.5	0.225
	环境域威胁指标	0.17	自然环境	0.5	0.085
			军事环境	0.5	0.085

5. TOPSIS 法进行目标威胁排序

根据战场数据得到各个威胁指标的权重和标准化矩阵,之后需要选取合适的方法对目标的威胁程度进行排序,本节使用 TOPSIS 法对目标威胁进行排序,TOPSIS 法即逼近理想解的排序方法,是一种常用的排序方法。理想解为理论上的最优解,负理想解为理论上的最差解,通过计算每个对象与正理想解与负理想解的距离,得到每个目标与理想解的贴合度,按照贴合度进行排序,基本步骤如下:

(1) 对数据进行预处理,构造正向化标准化矩阵。

(2) 分别计算正理想解和负理想解,并将结果记录在表 7-22 中。

$$A^+ = (A_1^+, A_2^+, \cdots, V_m^+)$$
$$= (\max\{A_{11}, A_{21}, \cdots, A_{n1}\}, \max\{A_{12}, A_{22}, \cdots, A_{n2}\}, \cdots, \max\{A_{1m}, A_{2m}, \cdots, A_{nm}\}) \quad (7\text{-}43)$$

$$A^- = (A_1^-, A_2^-, \cdots, V_m^-)$$
$$= (\min\{A_{11}, A_{21}, \cdots, A_{n1}\}, \min\{A_{12}, A_{22}, \cdots, A_{n2}\}, \cdots, \min\{A_{1m}, A_{2m}, \cdots, A_{nm}\}) \quad (7-44)$$

表 7-22 正负理想解

项	正理想解	负理想解
f1	0.789 576 23	0.000 717 14
f2	0.795 186 43	0.000 095 79
f3	0.802 862 12	0.000 160 54
f4	0.666 654 32	0.000 111 09
f5	0.655 600 21	0.000 093 64
f6	0.666 654 32	0.000 111 09
f7	0.784 419 27	0.000 196 06
f8	0.784 419 27	0.000 196 06
f9	0.650 931 31	0.000 130 16
f10	0.762 450 29	0.000 152 46

（3）计算各指标到正负理想解的距离：

$$S^+ = \sqrt{\sum_{j=1}^{m}(A_{ij} - A_j^+)^2}, \quad i = 1, 2, \cdots, n \quad (7-45)$$

$$S^- = \sqrt{\sum_{j=1}^{m}(A_{ij} - A_j^-)^2}, \quad i = 1, 2, \cdots, n \quad (7-46)$$

（4）计算每个目标的相对贴近度，贴近度越大，目标威胁度越大。

$$C_i = \frac{S_i^-}{S_i^- + S_i^+}, \quad i = 1, 2, \cdots, n \quad (7-47)$$

根据表 7-23 可知，目标威胁评估结果为：T1＞T2＞T3＞T4。

表 7-23 计算结果

索引值	正理想解距离(A^+)	负理想解距离(A^-)	综合得分指数	排序
T1	0.214 084 12	0.700 684 84	0.765 969 19	1
T2	0.249 901 32	0.565 231 17	0.693 422 45	2
T3	0.517 166 48	0.277 034 96	0.348 822 03	3
T4	0.663 860 23	0.335 015 94	0.335 392 87	4

7.3 武器-目标分配

为适应信息化条件下的现代战争要求，地面突击面临由平台中心战向网络中心战的转变。如果传统机械化作战被认为是平台与平台之间的对抗，那么信息化作战将是系统与系统间的较量。在这种多辆地面突击车辆对多个目标作战的背景下，如何及时确定我方各地面突击车辆的具体打击目标成了射击前必须解决的问题。考虑到地面突击车辆作战的特点,我们将它称为地面突击分队火力分配问题。根据地面突击车辆的组成及功能划分,地面突击分队的武器火力分配属于地面突击车辆火力打击系统的功能。

7.3.1 武器-目标分配概述

传统的地面突击分队火力分配采用的是区分正面的指挥方式,作战兵力只能进行小规模的战术配合,由于信息传递不畅,分队指挥员难以及时精确地掌控整体的火力打击效果。随着一体化指挥平台的逐步完善,立足于地面突击分队,以打击效果整体最优为目标的综合火力分配成为可能。

军事上的火力分配问题,在学术上被称为武器-目标分配(Weapon-Target Assignment 或 Weapon-Target Allocation,WTA)问题,是一种非线性的组合优化问题。WTA 问题的研究开始于二十世纪五六十年代,最初用于制定作战计划和训练指挥军官,同时也为武器的选择和新武器的研制与采购提供参考,受限于当时的计算能力,WTA 问题研究的适用性还很有限。随着计算机技术的发展,计算能力大大增强,WTA 问题的研究得到了快速发展,开始致力于解决复杂条件下的大规模、多类型武器、多类型目标的火力分配问题,并期望用于指挥控制系统的辅助决策以及未来武器系统的智能作战指挥。

7.3.2 武器-目标分配问题

武器-目标分配问题的核心是建立模型和在短时间内完成结果运算,从而能够根据复杂的战场态势计算出更合理的火力分配方案,提高作战效能。

1. WTA 问题的分类

目前,通常从以下四个方面对 WTA 问题进行分类:

(1) 根据目标是否具有威胁性,可将 WTA 问题分为广义的 WTA 问题与狭义的 WTA 问题。

(2) 根据作战双方对抗方式的不同,可将 WTA 问题分为直接对抗式 WTA 问题和间接对抗式 WTA 问题。

(3) 根据对时间因素的不同考虑,可将 WTA 问题模型分为静态 WTA 模型与动态 WTA 模型。

(4) 根据 WTA 问题的武器平台性质,还可将 WTA 问题分为单武器平台 WTA 问题与多武器平台 WTA 问题。

此外,还可从目标函数的准则、约束条件等不同角度对 WTA 问题的模型进行分类。

2. WTA 问题的静态标准数学模型及其性质

目前对 WTA 问题的求解研究,大多针对其静态模型。

1) 标准数学模型

一般意义上的 WTA 问题可描述为:

定义 7-3 WTA 标准数学模型 定义武器集 $W=\{W_i\}, i=1,2,\cdots,m$，描述 m 个武器。定义目标集 $T=\{T_j\}, j=1,2,\cdots,n$，描述 n 个目标。定义武器 W_i 的重要度为 s_i，武器 W_i 对目标 T_j 的打击效果为 p_{ij}，且最多有 h_j 个武器同时对目标 T_j 进行打击。定义目标 T_j 对武器 W_i 的打击效果为 q_{ij}，目标 T_j 的威胁度为 v_j。用矩阵 $\mathbf{X}=(x_{ij})_{m\times n}$ 描述 WTA 分配方案，其中 $x_{ij}=\{0,1\}$：$x_{ij}=1$ 表示武器 W_i 对目标 T_j 进行打击，$x_{ij}=0$ 表示不进行打击。

根据不同的 WTA 求解目标，其数学模型有不同的形式，讨论最多的有 3 种形式：
(1) 以失败毁伤概率和最小为目标，目标函数采用式(7-48)。
(2) 以我方打击失败造成的代价最小为目标，目标函数采用式(7-49)。
(3) 以成功毁伤概率和最大为目标，目标函数采用式(7-50)。

综上，WTA 问题的数学模型可以抽象为如下形式：

$$\min \sum_{j=1}^{n}\left(v_j \cdot \prod_{i=1}^{m}(1-p_{ij})^{x_{ij}}\right) \tag{7-48}$$

$$\min \sum_{i=1}^{m}\left(s_i \cdot \sum_{j=1}^{n}\left(v_j \cdot \prod_{i=1}^{m}(1-p_{ij})^{x_{ij}} \cdot q_{ij}\right)\right) \tag{7-49}$$

$$\max \sum_{j=1}^{n}\left(v_j \cdot \left(1-\prod_{i=1}^{m}(1-p_{ij})^{x_{ij}}\right)\right) \tag{7-50}$$

$$\text{s.t.} \quad \sum_{j=1}^{n} x_{ij} \leqslant 1, \quad i=1,2,\cdots,m \tag{7-51}$$

$$\sum_{i=1}^{m} x_{ij} \leqslant h_j, \quad j=1,2,\cdots,n \tag{7-52}$$

其中，$x_{ij}=\{0,1\}$。

以式(7-48)和式(7-49)为基础的标准 WTA 模型主要应用于防空作战领域，其作战形式主要是间接对抗型，作战目的是保护防御阵地。以式(7-50)为基础的标准 WTA 模型主要应用于空-空对战、空-地对战领域，其作战形式主要是直接对抗型，作战目的是直接歼灭对方。由于地面突击装备是地面突击型武器，其主要作战目的也是消灭敌方有生力量，因此地面突击分队的 WTA 模型通常可以在式(7-50)的基础上进行研究或改进。

2) 数学性质

WTA 问题具有以下数学性质：
(1) WTA 问题是 NP-Complete 问题，欲获得其准确最优解，必须采用枚举法。
(2) WTA 问题具有离散性，即不能对其微分。
(3) WTA 问题具有随机性，即武器与目标的交战等活动往往需要用随机模型描述。
(4) WTA 问题的目标函数是非线性的。

WTA 问题模型的上述数学性质表明，对于一定规模的 WTA 问题，精确求解其最优解是不现实的，只能求其满意解或次优解。

3) WTA 问题的武器平台化扩展模型

目前，各国军方越来越重视武器系统的体系对抗能力，比如，海军注重舰艇编队的整体打击能力，陆军注重步坦协同梯度配置加上远程炮火支援。因此，当前的 WTA 问题也应立足武器平台，考虑火力配置的优化。于是，在单武器 WTA 模型的基础上扩展得到的武器平台级 WTA 模型如下：

定义 7-4 平台级 WTA 标准数学模型 定义武器平台级 $W=\{W_i\}, i=1,2,\cdots,m$，描述 m 个武器平台，其中 $W_i=\{W_{ik}\}, k=1,2,\cdots,m_i$，描述第 i 个武器平台 W_i 具有 m_i 个有效武器，则武器总数 $\sum m=m_1+m_2+\cdots+m_m$。定义目标集 $T=\{T_j\}, j=1,2,\cdots,n$，描述 n 个目标。定义武器平台 W_i 的武器 W_{ik} 的重要度为 s_{ik}，武器平台 W_i 的武器 W_{ik} 对目标 T_j 的打击效果为 p_{ikj}，且武器平台 W_i 最多可同时对 g_i 个目标进行打击，最多有 h_j 个武器同时对目标 T_j 进行打击。定义目标 T_j 对武器平台 W_i 的武器 W_{ik} 的打击效果为 q_{ikj}，目标 T_j 的威胁度为 v_j。用矩阵 $\boldsymbol{X}=(x_{ikj})_{m\times l\times n}, l=\max(m_i), i=1,2,\cdots,m$ 来描述 WTA 分配方案，其中 $x_{ikj}=\{0,1\}$：$x_{ikj}=1$ 表示武器平台 W_i 的武器 W_{ik} 对目标 T_j 进行打击，$x_{ikj}=0$ 表示不进行打击。

同样，根据不同的 WTA 求解目标，其数学模型如下：
(1) 以失败毁伤概率和最小为目标，目标函数采用式(7-53)。
(2) 以我方打击失败造成的代价最小为目标，目标函数采用式(7-54)。
(3) 以成功毁伤概率和最大为目标，目标函数采用式(7-55)。

$$\min \sum_{i=1}^{m} \left(s_i \cdot \prod_{j=1}^{n} \left(q_{ij} \cdot \prod_{k=1}^{m_i} (1-p_{ikj})^{x_{ikj}} \right) \right) \tag{7-53}$$

$$\min \sum_{i=1}^{m} \sum_{k=1}^{m_i} \left(s_{ij} \cdot \sum_{j=1}^{n} \left(t_j \cdot \prod_{i=1}^{m} \prod_{k=1}^{m_i} (1-p_{ikj})^{x_{ikj}} \cdot q_{ikj} \right) \right) \tag{7-54}$$

$$\max \sum_{j=1}^{n} \left(v_j \cdot \left(1 - \prod_{i=1}^{m} \prod_{k=1}^{m_i} (1-p_{ikj})^{x_{ikj}} \right) \right) \tag{7-55}$$

$$\text{s.t.} \quad \sum_{k=1}^{m_i} \sum_{j=1}^{n} x_{ikj} \leqslant g_i, \quad i=1,2,\cdots,m \tag{7-56}$$

$$\sum_{i=1}^{m} \sum_{k=1}^{m_i} x_{ikj} \leqslant h_j, \quad j=1,2,\cdots,n \tag{7-57}$$

其中，$x_{ikj}=\{0,1\}$。

7.3.3 WTA 问题研究结构

WTA 问题研究可分为模型研究及模型求解算法研究，如图 7-10 所示。

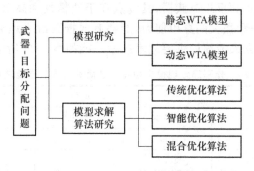

图 7-10 WTA 问题研究结构

1. 模型研究

WTA 问题模型研究的内容主要集中在以下几个方面。

(1) 模型假设

对WTA问题进行建模研究,应对问题进行合理假设。由于对抗环境的复杂性,武器与目标的交战方式也变得非常复杂,因而对问题进行合理抽象,是建立准确模型、解决问题的关键。

(2) 目标函数的选择准则

目标函数的不同选择准则,反映决策人员的不同意图,也决定了目标函数形式及交战策略的不同。通常,选取使防御方的资源损失最小、防御方总消耗最小、敌方潜在威胁最小、敌方剩余目标数最小等作为目标函数的准则。

(3) 约束条件

对WTA问题的研究主要考虑武器与目标的数量、武器对目标的毁伤概率、目标对资源的毁伤概率、资源的价值、目标的威胁等因素。约束条件的选择与决策意图有关,也决定了问题研究的复杂度。

(4) 时间因素

是否考虑时间因素是区别动态模型与静态模型的标志。由于战场环境动态变化,并且武器在射击过程中也存在着时间因素的限制,因此仅考虑武器对目标的静态分配,不考虑时间因素对武器分配的影响,往往不能正确反映作战过程。

上述各种方面的不同组合,构成了多种多样的复杂WTA问题。

2. 模型求解算法研究

WTA问题的求解算法研究内容主要有:

(1) 传统优化算法:主要包括隐枚举法、分支定界法、割平面法、动态规划法等。

(2) 智能优化算法:主要包含禁忌搜索算法、模拟退火算法、神经网络算法、进化计算、群智能算法以及人工免疫算法等。

(3) 混合优化算法:将上述两种及两种以上的算法结合起来对模型进行求解的方法。

7.3.4 地面突击分队WTA模型的建立及应用

1. 目标分析

在地面突击分队中,射击目标的种类主要有敌火箭筒、无坐力炮、反坦克炮、坦克等。这些目标在战场上的性能表现也是不同的,下面分别介绍这些目标的性能特点。

(1) 火箭筒

火箭筒是一种便携式的反坦克武器,其优点在于便携性和高杀伤力。它可以由单兵携带和操作,具备较远射程和强大的穿甲能力,能够有效摧毁敌方坦克、装甲车辆和堡垒等目标。外军部分现役反坦克火箭筒的主要战术技术性能如表7-24所示。

表7-24 外军部分现役反坦克火箭筒的主要战术技术性能

性能	型号				
	M72E	RPG-30	RPG-29	AT4	RPG-18
口径/mm	66	105	105.2	84	64
弹重/kg	3.45	10.3	6.2	6.7	1.5
初速/(m·s^{-1})	200	120	280	—	—
有效射程/m	350	200	450	300	200

(2) 无坐力炮

无坐力炮是一种近距离直瞄反坦克武器，其主要功能是摧毁敌方坦克等装甲目标。外军部分现役无坐力炮的主要战术技术性能如表 7-25 所示。

表 7-25　外军部分现役无坐力炮的主要战术技术性能

性能	型号			
	M67 式 90 mm 无坐力炮	M40 式 106 mm 无坐力炮	L6 式 120 mm 无坐力炮	60 式 106 mm 无坐力炮
口径/mm	90	106	120	106
初速/(m·s^{-1})	213	—	462	500
最大射程/m	2 100	7 700	—	7 000
炮管长度/mm	1 346	2 692	3 860	3 320

(3) 反坦克炮

反坦克炮是一种装备加农炮的武器系统，主要用于打击敌方装甲目标。它通常由炮管、弹药、瞄准系统、架座和牵引装置等组成，可以在不同地形和环境中部署和使用，是现代战争中常用的反装甲武器之一。外军部分现役反坦克炮的主要战术技术性能如表 7-26 所示。

表 7-26　外军部分现役反坦克炮的主要战术技术性能

性能	型号		
	2A45M 章鱼 125 mm 反坦克炮	LKV-91 式自行反坦克炮	AMX-10RC 装甲侦察车
口径/mm	125	90	105
初速/(m·s^{-1})	905	825	1 400
弹重/kg	19	—	3.8
有效射程/m	1 150	1 100	—

(4) 坦克

坦克是一种以履带为主要行动方式，装备重型火力和防护装置的战斗车辆，坦克是现代战争中不可或缺的作战工具之一，其具有强大的火力、厚重的装甲和高速机动能力，在战场上扮演着重要的角色。它的主要功能：一是打击敌方装甲目标，二是支援步兵作战，三是突破防线。坦克可以在战场上作为先锋力量，通过其强大的火力和防护能力，为友军开辟通道。外军部分现役主战坦克的主要战术技术性能如表 7-27 所示。

表 7-27　外军部分现役主战坦克的主要战术技术性能

性能	型号				
	M1A1	豹Ⅱ	挑战者	T-72	勒克莱尔
口径/mm	120	120	120	125	120
初速/(m·s^{-1})	563	1 650	—	1 800	1 750
有效射程/m	3 500	3 500	4 800	2 120	—

除此之外，地面突击分队中还有其他的目标类型，比如敌方防空火力、工事以及炸药等，

这些目标都需要根据其性能特点进行统一分级,并进行合理的武器目标分配,以最大程度地保障部队的作战效果。

在对敌方轻型装甲车辆的打击中,可以选择反坦克手持导弹或反坦克火箭筒等武器;对于敌方重型装甲车辆,则需要选择具有更高毁伤概率的武器系统进行打击;对于敌方步兵,使用常规手枪、冲锋枪等武器进行打击,可以有效地消灭敌方武器人员;对于敌方火炮,可以选择反坦克导弹或进入掩体使其无法射击的方法等进行打击。

2. 武器-目标射击效能分析

武器-目标射击效能是研究火力分配的重要理论依据之一,主要包括命中概率、毁伤率和毁伤概率三个指标。在研究坦克武器对目标的射击效能时,通常会关注这些指标的表现。本节也选取这些指标作为研究对象。

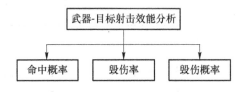

图 7-11　武器-目标射击效能分析

（1）命中概率

在地面突击分队的武器-目标分配问题中,命中概率是非常重要的一个因素,因为准确的命中概率直接影响到作战效果。而命中概率受到许多因素的影响,如射击距离、武器性能、弹道模型等。因此,在武器-目标分配模型中,需要对命中概率进行详细的分析和建模。

在实际的作战中,命中概率受多个因素的影响。其中,最主要的因素是射手的瞄准技能及武器性能,其次是气象因素、目标移动速度、发射的瞬间等因素。在建立命中概率模型时,通常需要先确定参与运算的因素,然后根据这些因素对命中概率进行量化分析,以便将其与其他限制因素相结合,提供最合适的武器选择。

例如,假设某武器系统的最大射程为 2 000 m,可攻击用于军事目的的轻型车辆,其有效射击距离为 1 500 m,射手的瞄准技巧为 80%。同时,目标的速度为 10 m/s,每 10 s 改变一次移动方向,可以认为速度和移动方向是随机的。在此情景下,可以采用概率模型分析命中概率:假设每次射击命中的概率为 p,如果在射击过程中命中了目标,则该目标被击毁的概率为 q。则在一个周期时间内得分的期望为

$$E = q \times p \times s$$

其中,s 表示击中目标的得分,如击中车辆得分为 1 000 分,击中步兵得分为 500 分。

根据上述模型,计算出 p 的值,即可得出最佳目标。然而,这个模型只考虑了射手的瞄准技巧和目标速度这两个因素,实际上,还有许多其他因素可能对命中概率产生影响,如风力、丛林、山头、大气湍流等,可以根据实际情况进行修正。

除了考虑物理因素的影响,还可以根据历史作战记录,结合机器学习的方法进行训练预测,从而提高建模精度。

在实际应用中,命中概率是武器目标分配模型中的核心因素之一,影响着整个模型的效果,因此必须密切关注其改进与优化。

(2) 毁伤率

毁伤率是武器攻击目标后产生的损伤率,它是衡量武器射击打击目标的破坏力的一个重要指标。在分配武器射击目标时,考虑各种目标的毁伤率,可以更加科学地确定武器的攻击序列,提高武器的作战效能。

影响毁伤率的因素有很多,其中最主要的是武器攻击目标的火力,毁伤率与火力是正相关的。不同的武器对同一目标的毁伤率不同,如坦克击穿对于人员目标的毁伤率大于轻武器的打击。目标装甲、距离、弹道等因素也会影响毁伤率。如果目标装甲较强,那么同样的火力打击很难对其造成严重的毁伤。如果目标距离较远,打击口径较小的武器的射击效果会下降。此外,射弹角度不合适、硝化纤维冲击方位等都会影响打击效果。

为了提升地面突击分队武器-目标分配的科学性,可以通过模拟分配武器攻击目标的具体情况评估毁伤率。首先,进行毁伤率的评估需要考虑武器攻击目标的具体类型和属性,以及武器攻击的距离和弹道情况等。其次,需要通过实验和模拟等方法,确定不同武器对同一目标的毁伤率,进行准确的测量和判断。最后,结合其他因素如目标战场价值等进行综合考虑,为地面突击分队制定出合理的目标分配方案。

对于同一目标,如果选择使用坦克进行攻击,则可以造成较大的目标毁伤率。然而,若目标防御较强,在短时间内未能击穿目标,为合理分配射击任务,则可以让其他武器优先攻击,避免浪费。这样就能更好地保证分队攻击目标的效果,并且提高武器的作战效能。

(3) 毁伤概率

毁伤概率由命中概率和毁伤率共同决定。为了简化模型的建立过程,假设"命中即毁伤",即弹丸命中目标时不需考虑毁伤率,此时一个武器对一个目标进行射击,首发命中率随距离的增大而逐渐减小,如图7-12所示。

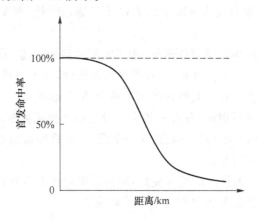

图 7-12 单武器命中概率示意图

对于多个武器同时攻击单一目标的情况,命中概率的变化曲线通常随着集火规模的增加而加大,并最终趋近于1。然而,命中概率的增幅会随着集火规模的增加而逐渐减小,不再像单武器情况下那样迅速增长,如图7-13所示。

在作战中,通常认为70%的命中概率足以达到歼灭敌人的目的,60%的命中概率常用于综合考虑命中概率与弹药消耗的一般作战中,而40%的命中概率可以起到压制敌人火力的作用。这些命中概率的设定通常会根据具体的作战目标和资源状况而调整。

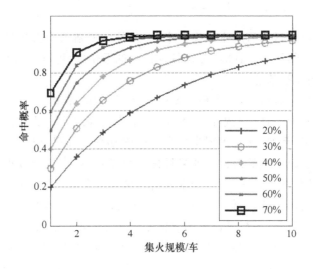

图 7-13 集火规模对命中概率的影响

3. 地面突击分队 WTA 问题模型研究

1) 战术背景

在某昼间战斗中,红蓝双方地面突击分队相遇于某地形区域,敌我双方均位于平坦的草原,没有太多遮挡,目标比较容易被发现。战场上的道路和地形不影响士兵和装甲车辆的行动和部署,也不影响对敌方目标的掌握和射击。

(1) 在战斗 t 时刻,地面突击分队可以参加战斗的武器装备数量为 T,分别记为 $T_i, i=1,2,\cdots,T$。

(2) 在战斗 t 时刻,地面突击分队发现了 U 个目标,分别记为 $M_j, j=1,2,\cdots,U$。

2) 模型假设

坦克连火力分配的影响因素复杂多样,为了方便模型的构建,采取以下假设:

(1) 忽略弹丸在空中的飞行时间:一旦发现敌方目标,射击后弹丸直接达到指定地点。

(2) 单个坦克在一轮火力分配循环的时间内最多只能消灭一个目标:这意味着每辆坦克每次只能对一个目标进行射击,并在一轮火力分配后不能指向新的目标。

(3) 已被毁伤的目标不参与下一轮的火力分配:一旦目标被成功摧毁或严重毁伤,它将不再是下一轮火力分配的对象。

(4) 射手素质良好且乘员间的配合良好:坦克射手的技能良好且乘员之间的合作良好,不考虑射击精度受射手技能和乘员配合水平的影响。

这些假设有助于简化模型的构建,并且在一定程度上降低影响因素的复杂性,使火力分配模型更易于实施。然而,这仅仅是建模过程中的假设,实际情况可能更为复杂,我们还应该保持对其他因素的关注。

3) 决定因素

(1) 目标战场价值

目标战场价值,简称"目标价值",目标战场价值用向量 q 表示,且 $q=(q_j)_n$,其中,$q_j \in [0,1]$ 为目标 M_j 的战场价值。该指标由作战决心要求和目标威胁程度决定。作战决心要求反映作战首长的决心,是作战意图的直接体现,通常由上级指挥员通过战术互联网下达。

目标威胁程度体现目标的威胁程度,由目标的火力威力、机动能力、指控能力和对抗能力等因素决定,如图 7-14 所示。

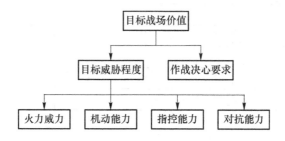

图 7-14 目标战场价值有关因素

(2) 打击效果

打击效果,也称"射击有利度",通常由命中概率和毁伤概率确定。为了简化装甲装备毁伤评估的复杂性,我们假设所有被命中的目标均会被毁伤,即毁伤概率为 100%,因此,打击效果取决于武器对目标的命中概率。根据射击学的相关知识,其数值受武器性能、弹种选取、射击距离、运动性质和目标性质等因素影响。

对于坦克和装甲车目标,地面突击分队主要使用坦克炮和肩扛式火箭筒等武器。无论何种武器击中目标,即使无法毁伤其关键部位,也会对其造成极大的震动,甚至可能导致目标车内设施失灵,载员失去战斗力。根据对装甲部队各种打击目标的分析,我们可以认为当前装甲装备的武器性能足够强大,在大部分情况下可使目标命中即丧失战斗力。

4) 模型构成

(1) 火力分配准则的确定

火力分配准则对坦克连火力的打击效果具有直接影响。过去的火力分配研究主要使用毁伤目标数期望值最大准则、弹药消耗量最小准则和目标战场价值最大准则这三种准则。

本节选择目标战场价值最大准则作为坦克连火力分配的标准。它考虑了战场环境、任务等级、武器弹药完好状态、目标状况、目标距离等因素,并以完成作战任务为前提,相对于其他两种准则,这种选择更为科学合理。相关分析如下。

① 任务等级

根据任务要求,在战场上进行射击前需要评估目标的重要程度,为下一步的火力打击做好准备。为此,需要对打击任务进行量化处理。假设战场某时刻观察到 N 个目标,建立任务矩阵如下:

$$\boldsymbol{M} = [\boldsymbol{M}_1 \quad \boldsymbol{M}_2 \quad \cdots \quad \boldsymbol{M}_N] \tag{7-58}$$

其中,第 j 个目标的任务向量为 $\boldsymbol{M}_j (j=1,2,\cdots,N)$,可表示为

$$\boldsymbol{M}_j = [M_{1j} \quad M_{2j} \quad M_{3j}]^T \tag{7-59}$$

其中,M_{1j} 表示对敌信息能力的火力打击任务;M_{2j} 表示对敌火力能力的火力打击任务;M_{3j} 表示对敌机动能力的火力打击任务。$M_{lj}(0.1 \leqslant M_{lj} \leqslant 1, l=1,2,3)$ 越大,表明打击任务越重要。令未分配任务的目标 j 的火力打击任务向量 $\boldsymbol{M}_j = [0.1 \quad 0.1 \quad 0.1]^T$,将对敌火力打击任务分为五个等级,如表 7-28 所示。

表 7-28 对敌火力打击任务等级

打击程度	任务等级	打击任务指标
不打击	A	$M_{lj}=0.1$
威慑	B	$M_{lj}=0.25$
限制	C	$M_{lj}=0.5$
毁伤	D	$M_{lj}=0.75$
完全摧毁	E	$M_{lj}=1$

② 战场环境

战场环境内容丰富,这里对战场电磁环境进行重点分析。可依据战场中各种信号的频率、功率以及所处时空等角度将战场电磁环境划分为四个等级,如表 7-29 所示。电磁环境级别过高会影响战场感知的真实性,进而影响指挥员的指挥决策,所以当电磁环境级别超过四级时,即当 $\gamma_\psi \gamma_T \gamma_s \geqslant 35\%$ 或 $\psi \geqslant 1.5\Psi$ 时,不再进行射击。

表 7-29 战场电磁环境等级划分

电磁环境级别	分类条件
一级	$\gamma_\psi \gamma_T \gamma_s \leqslant 5\%$ 或 $\psi \leqslant 0.5\Psi$
二级	$5\% < \gamma_\psi \gamma_T \gamma_s \leqslant 20\%$ 或 $0.5\Psi < \psi \leqslant \Psi$
三级	$20\% < \gamma_\psi \gamma_T \gamma_s \leqslant 35\%$ 或 $\Psi < \psi \leqslant 1.5\Psi$
四级	$\gamma_\psi \gamma_T \gamma_s \geqslant 35\%$ 或 $\psi \geqslant 1.5\Psi$

注:γ_ψ 为频谱占用度;γ_T 为时间占有度;γ_s 为空间覆盖率;ψ 为电磁环境功率密度谱;Ψ 为电磁环境功率密度谱阈值。

③ 武器弹药完好状态

武器弹药的完好状态对战场的影响是非常巨大的,它可以直接影响作战的效果和结果。如果弹药在运输或储存过程中受到损坏或老化,它的威力可能会降低,弹道和飞行稳定性也会受影响,或者无法正常引爆,导致无法完成打击任务。

假设战场共投入 W 个武器,建立武器状态矩阵如下:
$$\boldsymbol{W} = \begin{bmatrix} \boldsymbol{W}_1 & \boldsymbol{W}_2 & \cdots & \boldsymbol{W}_M \end{bmatrix}$$
其中,第 i 个目标的状态向量为 $\boldsymbol{W}_i (i=1,2,\cdots,M)$,可表示为
$$\boldsymbol{W}_i = \begin{bmatrix} W_{1i} & W_{2i} & W_{3i} \end{bmatrix}^{\mathrm{T}} \tag{7-60}$$
其中,W_{1i} 为武器信息状态;W_{2i} 为武器火力状态;W_{3i} 为武器机动状态。

如果武器火力能力状态完好,但信息能力和机动能力损失,则仍可进行射击。但如果武器火力能力损失,即使信息能力状态和机动能力状态完好,也无法进行射击,此时无需考虑该武器的火力分配问题。因此,为确保武器弹药发挥火力效能,同时减少意外事故的发生,确保作战安全,必须使武器弹药状态满足 $0 < W_{2i} \leqslant 1$。W_{2i} 越大,表明第 i 个武器的火力能力状态越完好。

④ 目标状态

假设某时刻发现 N 个目标,建立敌作战状态矩阵如下:
$$\boldsymbol{T} = \begin{bmatrix} \boldsymbol{T}_1 & \boldsymbol{T}_2 & \cdots & \boldsymbol{T}_N \end{bmatrix} \tag{7-61}$$

式(7-61)中,第 j 个目标的状态向量为 $\boldsymbol{T}_j(j=1,2,\cdots,N)$,可表示为
$$\boldsymbol{T}_j = [T_{1j} \quad T_{2j} \quad T_{3j}]^{\mathrm{T}} \tag{7-62}$$
其中,T_{1j} 为目标信息状态;T_{2j} 为目标火力状态;T_{3j} 为目标机动状态。

作战目标是地面突击分队作战行动的重要因素,主要指敌方武器装备,除此之外,还有敌方重要建筑或设施。只有全面了解和掌握敌作战武器装备的战术技术性能等,地面突击分队才能实现火力优化控制,做到有针对性的打击。

如果目标火力能力状态完好,但信息能力和机动能力损失,则仍可进行射击。但如果目标火力能力损失,那么即使信息能力状态和机动能力状态完好,也无法进行射击,此时无需考虑该目标的火力分配问题。所以需要对火力能力状态较好的目标进行射击,对丧失火力能力的目标不进行射击,即目标状况需满足 $0 < T_{2j} \leqslant 1$。T_{2j} 越大,表明第 j 个目标的火力能力状态越完好。

⑤ 目标距离

目标距离是判断地面突击分队是否进行武器火力打击的关键因素。有效射程是指在特定的目标和射击条件下,达到预定射击效果的最大射程。

假设战场某时刻检测到 N 个目标,我方武器与目标之间的距离为 $L_i(i=1,2,\cdots,N)$。敌我双方坦克在射击时,主要运用杀伤力较大的穿甲弹和破甲弹,穿甲弹的有效射程为 2.2 km,破甲弹的有效射程为 1.7 km,当目标距离在 2.2 km 以内时,我方武器可对目标实施合理射击。但当射击距离大于 2.2 km 时,对目标的打击不能取得满意的命中效果,此时不再进行射击,所以目标距离需满足 $L_i < 2.2$ km。

(2) 目标战场价值矩阵的确定

目标战场价值一般是相对于其他目标的价值来衡量的,而不是绝对的数值。目标战场价值可通过目标战场价值灰色评估模型进行求解。设第 j 个目标的战场价值为 $W^{(j)}$,则目标战场价值矩阵可表示为
$$\boldsymbol{W} = [W^{(1)} \quad W^{(2)} \quad \cdots \quad W^{(U)}] \tag{7-63}$$

(3) 目标射击任务优先等级矩阵的确定

为了严密组织火力,坦克连指挥员通常需要将射击任务划分给各个排,但对于一些目标价值较高的目标,需要不区分火力进行集火射击,这就涉及一个概率问题。设 λ_{ij} 表示第 i 辆坦克对第 j 个目标的射击任务优选等级值,则射击任务优先等级模型为
$$\lambda_{ij} = \begin{cases} \lambda_1, & \text{目标处于本排射击范围} \\ \lambda_2, & \text{目标处于相邻排射击范围} \\ \lambda_3, & \text{目标处于相隔排射击范围} \end{cases} \tag{7-64}$$

根据作战任务分工、我方武器和敌方位置等情况,通过德尔菲法可确定 λ 值。进而得到射击任务优先等级矩阵:
$$\boldsymbol{\lambda} = \begin{bmatrix} \lambda_{11} & \lambda_{12} & \cdots & \lambda_{1U} \\ \lambda_{21} & \lambda_{22} & \cdots & \lambda_{2U} \\ \vdots & \vdots & & \vdots \\ \lambda_{T1} & \lambda_{T2} & \cdots & \lambda_{TU} \end{bmatrix} \tag{7-65}$$

(4) 目标毁伤标准的确定

根据目标毁伤的概率公式,我们可以发现只要集中火力,目标的毁伤概率就会增加,但不会超过1,并且增长速度会逐渐变慢。所以,在火力有限的情况下,我们不应该过分追求对个别目标的毁伤概率。在分配火力的过程中,要坚持适度使用火力的原则。这里引入了毁伤标准的概念,它综合了坦克连的作战任务、武器和目标数量、弹药保障能力等各种因素。当我们认为目标的毁伤已经达到了可靠的水平时,毁伤概率达到最小值。通过德尔菲法确定目标毁伤标准 a 的值。

(5) 武器-目标射击效能矩阵的确定

武器-目标的射击效能表示我方武器对敌方目标射击时能达到预期目的的程度,是研究火力分配的重要理论基础。本节使用毁伤概率 R 作为衡量射击效能的综合指标,其计算公式为

$$R = \sum_{m=0}^{n} P_n(m) G(m) \tag{7-66}$$

其中,$P_n(m)$ 表示 n 发弹中恰有 m 发弹命中目标的概率,$m=0,1,2,\cdots,n$;$G(m)$ 表示第 m 发弹毁伤目标的概率。代入相应的参数值即可计算出各武器对每个目标的毁伤概率。

设第 i 辆武器对第 j 个目标射击的毁伤概率为 $\lambda_{ij}(i=1,2,\cdots,T;j=1,2,\cdots,U)$,则武器-目标射击效能矩阵可表示为

$$\boldsymbol{R} = \begin{bmatrix} r_{11} & r_{12} & \cdots & r_{1U} \\ r_{21} & r_{22} & \cdots & r_{2U} \\ \vdots & \vdots & & \vdots \\ r_{T1} & r_{T2} & \cdots & r_{TU} \end{bmatrix} \tag{7-67}$$

根据上面的分析构建坦克连火力分配模型。设 x_{ij} 为武器目标分配特征数:

$$x_{ij} = \begin{cases} 0, & \text{当第 } i \text{ 辆坦克不对第 } j \text{ 个目标射击时} \\ 1, & \text{当第 } i \text{ 辆坦克对第 } j \text{ 个目标射击时} \end{cases} \tag{7-68}$$

则火力分配矩阵为 T 行 U 列的矩阵,记为 $\boldsymbol{X}$,表示为

$$\boldsymbol{X} = \begin{bmatrix} x_{11} & x_{12} & \cdots & x_{1U} \\ x_{21} & x_{22} & \cdots & x_{2U} \\ \vdots & \vdots & & \vdots \\ x_{T1} & x_{T2} & \cdots & x_{TU} \end{bmatrix} \tag{7-69}$$

取所毁伤目标的战场价值之和 L 作为射击效果指标,则在考虑射击任务优先等级关系的前提下,毁伤目标的战场价值之和的期望值为

$$L = \sum_{j=1}^{U} W^{(j)} \left[1 - \prod_{i=1}^{T} (1 - \lambda_{ij} r_{ij})^{x_{ij}} \right] \tag{7-70}$$

从而可得到如下所示的关于坦克连的火力分配模型。

最优化目标函数:

$$\max L = \sum_{j=1}^{U} W^{(j)} \left[1 - \prod_{i=1}^{T} (1 - \lambda_{ij} r_{ij})^{x_{ij}} \right]$$

约束条件:

$$\begin{cases} x_{ij} \mathbf{M}\{0,1\} \\ \sum_{j=1}^{U} x_i \leqslant 1 \\ 1-\prod_{i=1}^{T}(1-r_{ij})^{x_{ij}} \leqslant a \\ M_{lj} \geqslant 0.1, \quad l=1,2,3 \\ \gamma_\psi \gamma_T \gamma_s \geqslant 35\% \text{ 或 } \psi \geqslant 1.5\Psi \\ 0 < W_{2i} \leqslant 1 \text{ 且 } W_{2i} \text{ 越大越好} \\ 0 < T_{2j} \leqslant 1 \\ L_i < 2.2 \text{ km} \end{cases}$$

5）模型求解

最优目标函数所示的坦克连火力分配模型，可通过遗传算法、蜂群算法、蚁群算法等得到火力分配矩阵 $\mathbf{X}$ 中 x_{ij} 的具体值，从而求出最优的火力分配方案。这里以遗传算法为例，其流程图如图 7-15 所示。

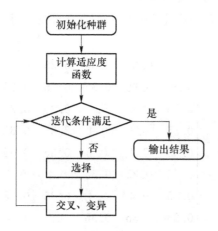

图 7-15　遗传算法流程图

4. 应用举例

在进攻战斗中，以坦克连和一个装步排为例，成一字战斗队形进行阵地进攻战斗。在 t 时刻，前方发现了 5 个目标，记为 $M_i, i=1,2,3,4,5$。其中，有一辆步战车（M_1）在一排的射境内，有一辆坦克（M_2）和一挺机枪（M_3）在二排的射境内，有一辆坦克（M_4）和一具火箭筒（M_5）在三排的射境内。我方有 6 辆坦克和 2 辆装甲输送车可遂行作战任务，分别记为 T_j，$j=1,2,3,4,5,6,7,8$。其中，一排有 2 辆坦克（T_1,T_2）、二排有 3 辆坦克（T_3,T_4,T_5，含连长车）、三排有 1 辆坦克（T_6），装步排有 2 辆装甲输送车（T_7,T_8）。武器与目标的位置关系图如图 7-16 所示。

（1）目标战场价值矩阵的确定

经过计算评估，可得到各目标的目标战场价值：

$$W_g^{(1)}=0.265, W_g^{(2)}=0.277, W_g^{(3)}=0.084, W_g^{(4)}=0.278, W_g^{(5)}=0.097$$

可得到目标战场价值矩阵 $\mathbf{W}=[0.265,0.277,0.084,0.278,0.097]$。

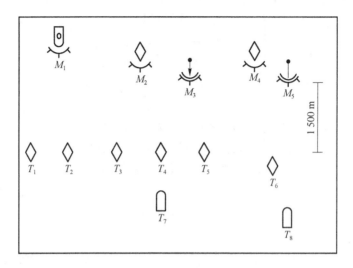

图 7-16 武器与目标的位置关系图

(2) 目标射击任务优先等级矩阵的确定

根据作战任务和敌我数量及位置等情况,通过德尔菲法求得 $\lambda_1=0.4$, $\lambda_2=0.35$, $\lambda_3=0.25$,则射击优先等级矩阵为

$$\boldsymbol{\lambda}=\begin{bmatrix} 0.4 & 0.35 & 0.35 & 0.25 & 0.25 \\ 0.4 & 0.35 & 0.35 & 0.25 & 0.25 \\ 0.35 & 0.4 & 0.4 & 0.35 & 0.35 \\ 0.35 & 0.4 & 0.4 & 0.35 & 0.35 \\ 0.35 & 0.4 & 0.4 & 0.35 & 0.35 \\ 0.25 & 0.35 & 0.35 & 0.4 & 0.4 \\ 0.35 & 0.4 & 0.4 & 0.35 & 0.35 \\ 0.25 & 0.35 & 0.35 & 0.4 & 0.4 \end{bmatrix}$$

(3) 目标毁伤标准的确定

综合考虑各影响因素,将目标毁伤标准 a 确定为 0.7。

(4) 毁伤概率矩阵的确定

根据敌目标选择相应武器和弹药。将各项参数值代入式(7-66),计算出我方对敌目标的毁伤概率,从而求得毁伤概率矩阵:

$$\boldsymbol{R}=\begin{bmatrix} 0.427 & 0.320 & 0.740 & 0.296 & 0.713 \\ 0.446 & 0.340 & 0.743 & 0.307 & 0.722 \\ 0.419 & 0.362 & 0.749 & 0.314 & 0.736 \\ 0.410 & 0.370 & 0.755 & 0.319 & 0.745 \\ 0.396 & 0.358 & 0.759 & 0.331 & 0.753 \\ 0.382 & 0.336 & 0.751 & 0.326 & 0.762 \\ 0.000 & 0.000 & 0.243 & 0.000 & 0.232 \\ 0.000 & 0.000 & 0.231 & 0.000 & 0.237 \end{bmatrix}$$

（5）模型求解

为了在多种影响因素的限制条件下得到地面突击分队武器-目标分配的最优方案，本节基于遗传算法对该模型进行求解：首先，用火力分配问题的一个解表示每个火力分配方案中的一个个体，即编码；其次，初始化打击目标种群，产生目标种群中的一些个体；然后，根据初始种群中的个体产生一些新的个体，即用交叉算子、变异算子产生一些新的个体；最后，利用火力打击效果评价打击方案的优劣。

从当前种群以及经过交叉算子、变异算子产生的子代个体中选择一些个体，作为下一轮交叉、变异的亲代个体。将得到的新个体与原个体对比，如果得到的新个体不如原个体，则不进行替换；如果得到的新个体比原个体好，则用新个体替换原个体，直到满足迭代条件，则输出最优解，即得到最优火力分配方案。以上步骤最终得到的最优火力分配矩阵为

$$\boldsymbol{X} = \begin{bmatrix} 1 & 0 & 0 & 0 & 0 \\ 1 & 0 & 0 & 0 & 0 \\ 0 & 1 & 0 & 0 & 0 \\ 0 & 1 & 0 & 0 & 0 \\ 0 & 0 & 0 & 1 & 0 \\ 0 & 0 & 0 & 0 & 1 \\ 0 & 0 & 1 & 0 & 0 \\ 0 & 0 & 0 & 0 & 1 \end{bmatrix}$$

其对应的坦克连最优火力分配方案如图 7-17 所示。最优方案为：T_1 和 T_2 打击 M_1，T_3 和 T_4 打击 M_2，T_7 打击 M_3，T_5 和 T_6 打击 M_4，T_8 打击 M_5。

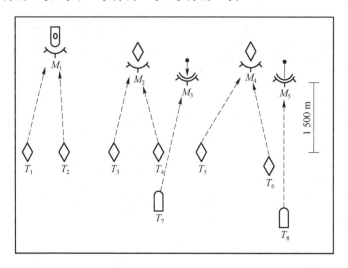

图 7-17　坦克连最优火力分配方案

联系实际战场情况，首先考虑目标战场价值，敌方对我方的最大威胁是在防御战斗中起重要作用的 M_4、M_2 和 M_1，而目标 M_5 和 M_3 对我方构成威胁较小，所以，在火力资源有限的情况下，应将更多的火力集中于价值大的目标。其次，从战术方面考虑，我连右翼处于劣势，因此二排在完成对本排的任务目标射击时，也需要对三排进行支援。最后，从指挥角度

考虑,合理的火力分配应方便指挥员进行指挥决策。通过以上分析,本模型的建立验证了最优方案的科学合理性。

思考与练习

1. 火力规划的背景与意义是什么?
2. 目标威胁评估的基本步骤是什么?
3. 常见的火力分配模型有哪几种?
4. 火力分配模型的求解方法有哪些?

参考文献

[1] 马新牟,樊水康.火力控制技术基础[M].北京:北京理工大学出版社,2018.
[2] 舒长胜,孟庆德.舰炮武器系统应用工程基础[M].北京:国防工业出版社,2014.
[3] 焦建彬,叶齐祥,韩振军,等.视觉目标检测与跟踪[M].北京:科学出版社,2016.
[4] 王小鹏,梁燕熙,纪明.军用光电技术与系统概论[M].北京:科学出版社,2011.
[5] 卢晓东,周军,刘光辉,等.导弹制导系统原理[M].北京:国防工业出版社,2015.
[6] 魏云升,郭治,王校会.火力与指挥控制[M].北京:北京理工大学出版社,2003.
[7] 李相民,孙瑾.火力控制原理[M].北京:国防工业出版社,2007.
[8] 朱竞夫,赵碧君,王钦钊.现代坦克火控系统[M].北京:国防工业出版社,2003.
[9] 周启煌,常天庆,邱晓波.战车火控系统与指控系统[M].北京:国防工业出版社,2003.
[10] 周启煌,单东升.坦克火力控制系统[M].北京:国防工业出版社,1997.
[11] 郭治.现代火控理论[M].北京:国防工业出版社,1996.
[12] 陈熙,张冠杰,刘腾谊.35 mm 高炮技术基础[M].北京:国防工业出版社,2002.
[13] 陈明俊,李长红,杨燕.武器伺服系统工程实践[M].北京:国防工业出版社,2013.
[14] 胡佑德,马东升,张莉松.伺服系统原理与设计[M].北京:北京理工大学出版社,1998.
[15] 郭锡福,赵子华.火控弹道模型理论及应用[M].北京:国防工业出版社,1007.
[16] 何友,闫红星.火炮射表数据处理计算步骤和程序框图[J].火力与指挥控制,1994,19(2):45-51.
[17] 王航宇,王士杰,李鹏.舰载火控原理[M].北京:国防工业出版社,2006.
[18] 周立伟,刘玉岩.目标探测与识别[M].北京:北京理工大学出版社,2004.
[19] 薄煜明,郭治,钱龙军,等.现代火控理论与应用基础[M].北京:科学出版社,2013.
[20] 李洪儒,李辉,李永军,等.导弹制导与控制原理[M].北京:科学出版社,2016.
[21] 雷虎民,李炯,胡小江,等.导弹制导与控制原理[M].北京:国防工业出版社,2018.
[22] 卢志刚,武云鹏,张日飞,等.陆战武器网络化协同火力控制[M].北京:国防工业出版社,2020.